航海のための
天気予報利用学

笠原久司 著

ロングクルーズを夢見るあなたに

Contents

1章 「考え方」の重要性　7
1. 何を身につけるべきなのか？　8
2. 「総合的な能力」とは？　10
3. 「総合的な能力」を身につける方法……「考え方」　11

2章 長期航海のために必要なこと　15
1. 長期航海につきまとう不安　16
2. 長期航海特有の課題とは？……長期航海に必要な能力　17
3. 「天気を読み誤らないための能力」とは？　20

3章 「天気予報の確からしさを把握する」こと　21
1. 「天気を読む」ということ　22
2. 天気は自分で読むものなのか？　24
3. 「天気を読む」以前に知っておくべきこと……実は知らない天気予報　25
4. 「天気を読む」ことは、天気予報を「信じる」こと。天気予報を「信じる」ことは「天気予報の確からしさを把握する」こと　27
5. 「天気予報の確からしさを把握する」こと　29
6. 「天気予報の別のシナリオを想定する」こと　30
7. そんなことができるのか？　33
8. ズバリの不文律を乗り越えて　33

4章 予報利用学の基礎　37
1. 予報利用学　38
2. 予報利用学に使う予報とは　38
3. 府県天気予報の情報量　40
4. 府県天気予報の対象エリア　42
5. 府県天気予報の使い方　43
   1. 府県天気予報の発表スケジュール　44
   2. 府県天気予報のエリア　45
   3. 府県天気予報の内容　45
   4. 府県天気予報を読むためのルール　46

5章 予報利用学の方法論1……実況把握編　49
1. 方法論の説明の仕方　50
2. 実況把握の大切さ　51
3. 実況把握の考え方　53
4. 実況把握の基本資料　56
5. 実況上の着目点を読みとる方法　58
   1. 天気概況と短期予報解説資料の読み方　58
   2. 複数の天気概況を読む　60

- 6 実況天気図で着目点の位置を確認する　61
- 7 衛星画像で空模様をイメージする　63
- 8 気象レーダーやアメダス等で雲の下を把握する　65
    - 1. 雨のエリア　65
    - 2. 風の分布　66
    - 3. 波の分布　70
- 9 実況を一言でまとめてみる　72
- 10 最後はデッキに出て……　73

6章 予報利用学の方法論2……予報把握編　75

- 1 予報の把握をするために　76
- 2 天気予報の作り方……数値予報とは　77
    - 1. 天気予報の主役は数値予報　77
    - 2. 数値予報の限界　78
    - 3. 数値予報を使うということ　80
- 3 天気予報の作り方　81
    - 1. 観測とデータ収集　81
    - 2. 情報の整理　82
    - 3. 予測資料の作成と配信　82
    - 4. 予報の組み立て　84
- 4 予報の作成過程をイメージする方法……模範解答を読む　86
    - 1. 予報の作成過程をイメージするということ　86
    - 2. 天気マークの予報で天気傾向を把握する　87
    - 3. 府県天気予報を読む　94
    - 4. 天気概況と短期予報解説資料を読む　104
- 5 予報の作成過程をイメージする方法……数値予報を読む　107
    - 1. 数値予報や予想天気図を読むということ　107
    - 2. 地上の気圧配置を把握する……予想気圧配置を読む　108
        - ──FSAS：アジア地上予想天気図──
    - 3. 雲の様子をイメージする……未来の衛星画像　113
        - ──FXFE5782・5784・577：極東850hPa気温・風、700hPa上昇流・湿数、500hPa気温予想図──
    - 4. 雨のエリアをイメージする……未来の気象レーダー　118
        - ──FXFE502・504・507：極東地上気圧・風・降水量・500hPa高度・渦度予想図──
    - 5. 風の様子をイメージする……未来のアメダス　121
        - ──FXFE502・504・507：極東地上気圧・風・降水量・500hPa高度・渦度予想図──
    - 6. 波の様子をイメージする　125
        - ──FWJP04：沿岸波浪予想図──
    - 7. 数値予報で流れをつかむ　127
- 6 予報の作成過程をイメージする　133
    - 1. 予報官の予報作成過程　133
    - 2. 予報官と私たちの違い　134
    - 3. 予報の作成過程をイメージすることの意味と方法　135
    - 4. 予報の作成過程をイメージする具体的方法……天気　136
    - 5. 予報の作成過程をイメージする具体的方法……風と波　139
    - 6. 予報の作成過程の理由を考えてみる　141

Contents

7章 予報利用学の方法論3……天気予報の確からしさを把握する　143
1. 天気予報の確からしさを把握するための考え方　144
2. 天気予報の確からしさを把握するための視点と方法　145
    1. エリアの決定　145
    2. タイミングの決定　148
    3. 程度の決定　150
    4. 大きな修正の決定　151
3. 天気予報の確からしさを考えるコツ　152
4. 効率的な作業方法　153

8章 予報利用学のための道具1……使用上の注意点と入手方法　155
1. 気象情報を使用する上での注意点　156
    1. 実況と予測を明確に区別する　156
    2. 発表時間と対象時間を確認する　157
    3. 文字情報と図の情報の優先順位　158
2. 気象情報を入手する方法　160
    1. インターネットと携帯電話　160
    2. ラジオ・テレビ　161

9章 予報利用学のための道具2……実況把握のための道具　163
1. 気象情報の取扱説明書の読み方　164
2. 気象衛星……海抜36000キロの日和山　165
    1. 使用目的　165
    2. 使用上の注意点　165
3. 気象レーダー……現代の遠メガネ　167
    1. 使用目的　167
    2. 使用上の注意点　168
4. アメダス……頼りになる日和見たち　169
    1. 風向風速　170
    2. 降水量と日照　172
    3. 気温　174
5. 海上保安庁の気象現況……岬の頼れる日和見たち　176
    1. 使用目的　176
    2. 使用上の注意点　177

10章 予報利用学のための道具3……実況天気図　179
1. 地上実況天気図……空模様のスケッチブック　180
    1. 使用目的　181
    2. 使用上の注意点　182

2　沿岸波浪実況図　183
　　1.使用目的　183
　　2.使用上の注意点　184

11章　予報利用学のための道具4……予想天気図　185

1　FSAS24・48：アジア地上予想天気図　186
　　1.使用目的　186
　　2.使用上の注意点　187
2　FXFE5782・5784・577：極東850hPa気温、風、700hPa上昇流・湿数、500hPa気温予想図　188
　　1.使用目的　189
　　2.使用上の注意点　190
3　FXFE502・504・507：極東地上気圧・風・降水量・500hPa高度・渦度予想図　191
　　1.使用目的と使用方法　192
　　2.使用上の注意点　194
4　FWJP4：沿岸波浪予想図　195
　　1.使用目的　195
　　2.使用上の注意点　195
5　FXJP854：850hpa相当温位・風 12・24・36・48時間予想　196
　　1.FXJP854が示しているもの　197
　　2.使用目的と方法　197

12章　予報利用学のための道具5……文字情報　201

1　短期予報解説資料　202
2　気象警報・注意報　207
3　気象情報　208

13章　予報利用学における週間予報の使い方　209

1　週間予報は占い？お告げ？　210
2　予報利用学的な週間予報のチェック方法　210

14章　予報利用学における台風情報の利用方法　213

1　台風進路図の前　214
2　台風進路図の先　215
3　台風の影響　216

15章　予報利用学の総括……あとがきに代えて　219

おもな気象情報サイト一覧　223

1章
「考え方」の重要性

1章「考え方」の重要性

 何を身につけるべきなのか？

　長年ヨットやボートに乗ってこられた方なら、誰でも一度は天気の勉強をしようと思い立ったことがあると思いますが、そのきっかけは何だったでしょうか。

　私のような平凡かつ臆病なヨット乗りだけではなく、キャビンで一杯やりながら武勇伝を語る豪快なヨットマンでも、思わぬ荒天に遭遇してしまったときは、二度とクルージングには出かけまいと誓うほどの恐怖を味わったというのが本音だと思います。また、荒天に遭遇しないまでも、誰でも一度は、着岸時に突然吹きだした強風に肝を冷やしたことがあるでしょう。そして、そんな恐怖心や驚きが、気象学の教科書に手を伸ばすきっかけになったのではないでしょうか。

　そんな私たちの気持ちを知ってか知らずか、気象に関する本は簡単なものから難しいものまで星の数ほど出版され、著名な気象学の先生方や予報官の方々の気象講習会も何度となく開催されてきました。そして多くの方々が、本棚の中に一冊は気象関係の本をしまっておられることと思います。

　しかし、気象学の勉強、例えば、低気圧や高気圧の発達や衰退の構造、風や波のメカニズムを勉強し、季節ごとの天気のパターンや、様々な天気図の記号を覚えることで、荒天に遭遇しない自信を持てるようになったでしょうか。答えは私と同じくNOだと思います。

　いきなり見てきたようなことを書いてしまいましたが、それというのも私自身、気象予報士試験に合格しても、その成果を全く感じることができなかったばかりか、なまじ知識が増えてしまったために不必要なことまで心配するようになって、以前より出港判断に迷うようになったという苦い経験があるからです。髪を掻きむしりながら気象学の専門書を読破し、予報の組み立てを試される実技試験を通過してすらこの有り様ですから、一般向けのお天気の本を読んだだけで劇的な成果など得られるはずはないでしょう（成果があったのなら、この本を読む必要はありませんよね）。

　冒頭からいきなり、天気の勉強が無意味に思えるようなことを書いてしまいましたが、せっかく努力をして気象学の

勉強をしても、なぜこのような結果になってしまうのでしょうか。結論からいえば、勉強の方法を誤っていたからです。正確にいえば、学ぶべきことが偏っていたからということですが、それではいったい何を学ぶべきなのでしょうか。

　天気の勉強　≠　気象学の勉強

　イメージしやすいように、船を走らせることに置き換えて考えてみましょう。ご存じのように、船を安全に走らせるためには、舵の扱い方やセールの操作方法など、一般的な操船能力を身につけるだけでは不十分です。船体やマスト、エンジンなどに十分なメンテナンスを施し、いったん出港したら自力で帰港できるだけの船体管理能力を身につけることも必要でしょう。また、海図や水路誌、潮汐表などを読みこなして、予備ルートも含めた航海計画を立案する航海能力も欠かすことができません。さらに、故障や荒天などに遭遇した場合には、応急修理を施したり、避難港に進路を変えるなど、不測の事態に対応する危機管理能力も要求されます。つまり、船を走らせるためには、操船能力を中心とした総合的な能力が必要とされます。

　ふりかえって、「天気の勉強する」ということもこれと同様です。私たちは、しばしば「天気の勉強をする」という表現を使いますが、その意味するところは、気象学の知識を身につけるということではなく、「天気を把握して正しい判断をするための能力を身につける」ということではないでしょうか。誰しも理科の勉強をしたくて気象学の本を読むのではなく、荒天に遭遇して恐ろしい思いをしたくないから、人によってはレースに勝ちたいと考えて、難しい本を我慢して？　読んでいるはずです。そうだとすれば、本当に勉強すべき事柄は気象学にとどまるはずがありません。気象学に基づいて荒天に遭遇しないための正しい判断をしたいのですから、判断の前提となる観測値や天気図などの情報を、状況に応じて的確に選択し、タイムリーかつ確実に入手する方法も身につける必要があるでしょう。また、イメージした未来の空模様を、自らの操船能力や船の性能に照らして、出港の適否や、安全かつ快適なコースを決定する方法も身につける必要があるでしょう。つまり、「天気の勉強する」とは「天気を把握して正しい判断をするための能力を身につける」ということであり、具体的には、気象学を中心とした一連の「総合的な能力」を身につけることを意味するはずです。

　これまで私たちは、「天気を把握して

正しい判断をするための能力を身につける」ためには、なにがなんでも気象学を勉強しなくてはならないと、根拠もなく信じ込んでいたように思います。しかし、それは船体管理能力や航海能力、危機管理能力などを磨くことには目もくれず、舵取りのテクニックばかり練習しているような、偏った勉強方法だったのではないでしょうか。

> **身につけたいこと**
> ＝ 天気を把握して正しい判断をするための能力
> ＝ **総合的な能力**

1章 「考え方」の重要性

2 「総合的な能力」とは？

　私たちが身につけるべきことは、天気を把握して正しい判断をするための「総合的な能力」ですが、そうだとすると、勉強すべきことは純粋な気象学にとどまりませんから、到達すべき目標がさらに遠ざかってしまうように感じられるかもしれません。

　しかし、何も心配することはありません。例えば著名なベテランヨットマンといえども、整備士のようにエンジンをオーバーホールできる人は少ないでしょう。また、プロの一級海技士と同様の航海術をマスターしているわけでもないでしょう。しかし、船のメンテナンスなら整備士に依頼するでしょうし、六分儀の操作や天測計算ができなくとも、GPSなどの最新機器の助けを借りているはずです。また、いざというときには、BANや海上保安庁に助けてもらうこともあるかもしれません。このように、ベテランヨットマンといえども、多かれ少なかれ、他者の能力や文明の利器、時にはお金の力も借りて船を走らせているはずです。言い換えれば、ベテランヨットマンとは、一流のコーディネーターといえるのかもしれません。

> **総合的な能力**
> ＝ **コーディネーターとしての能力**

　つまり「総合的な能力」といっても、すべての分野でスーパーマンになることではなく、自分の得意な分野と不得意な

分野を素直に把握した上で、様々な手助けの方法を知り、それを上手に使いこなす能力を意味します。そして、気象学を中心とした一連の「総合的な能力」についても意味するところは同じです。気象学をどんなに勉強しても、予報官と張り合えるような予報を作成することはできませんが、気象庁の予報官や民間気象会社の気象予報士が作った予報を入手することはできます。また、微妙に変化する空模様を読みとる眼力がなくても、インターネットによって、予報官が予報作成に使用しているものとほぼ同じ資料や計算値を簡単に手に入れることができるようになっていますし、予報を作成した予報官の思考過程をまとめた解説資料さえ手に入れることができます。したがって、これらの情報を、あたかも熟練の整備士や、優秀なペイドクルーのように、手助けの手段として使いこなすことができれば、天気を把握して正しい判断をするための「総合的な能力」を身につけたといえるのではないでしょうか。ですから、「総合的な能力」は、手の届かないような遠い目標ではないのです。

総合的な能力だからこそ身につけられる

余談ですが、私の父は30年近く外国航路の船長を務め、20年以上水先案内人をしていましたから、船に関してはプロ中のプロといえますが、気象学の知識については私のほうが豊富です。しかし、50年以上も無事故で大型の貨物船やタンカーを操船してこられたのは、まさにこの「総合的な能力」を身につけていたからだと思っています。

1章 「考え方」の重要性

「総合的な能力」を身につける方法……「考え方」

「総合的な能力」とは、ベテランヨットマンや熟練の船長の能力に似た能力といえますが、言い換えれば、多くの部下を使う管理職の能力に近いものかもしれません。ですから、この能力を身につける方法も、本を精読して公式を覚えるような、いわゆる「お勉強」とは異なります。

ところで、管理職として仕事をするためには、管理しようとしている仕事や組織の全体構造を把握することから始まるはずです（仕事の目的や内容、部下の顔くらいは知らなければ何も始まりません）。その上で、仕事全体を構成している個々の仕事の内容や部下各々の能力を把握することが必要になるでしょう（仕事の詳細や部下の性格、得意分野を把握しておかなければ管理職として的確な指示は出せません）。しかし、それだけでは（優秀な？）管理職にはなれないでしょう。なにより先に、管理職としての「考え方」（リーダーとしての自覚、部下の仕事をまとめ上げる能力？）がなければ、部署を知り尽くした古株社員にすぎないからです。

「天気を把握して正しい判断をするための能力を身につける」こと、すなわち「総合的な能力」を身につけるためにも、まずは気象学や気象情報という部下？ を取りまとめる管理職としての「考え方」から身につけることが大切です。つまり、予報官を優秀な部下に見立て、予報官が作成した資料や予報をあたかも部下の仕事の成果として把握し、それを正しい気象判断という最終成果としてまとめ上げるコーディネーターとしての「考え方」を真っ先に身につけることが大切だということです。

| 総合的な能力 | ≒ | 管理者としての能力 |

=
| リーダーとしての自覚・統率力 |
⇓
| 気象情報の管理者としての「考え方」 |

私は、26ftのヨットで本州周航に出かける機会に恵まれ、さらに日本一周などの長期航海に出かける方々のお手伝いを何度もさせていただきましたが、その中で、長期航海を安全に乗り切るために欠かせないのは、卓越した気象学の知識でも有料の気象情報でもなく、気象情報の管理職としての「考え方」だということを強く感じてきました。もし気象学などの知識が必要ならば、気象学の教科書をチャートテーブルの中に入れておけば足りますし、今ではスマートフォンやタブレット端末で調べることも可能です。また、一般的な天気予報にとどまらず、ピンポイントの波や風を教えてくれる有料の気象コンサルタントを依頼できるのなら、自ら気象学を駆使して天気図を解析する必要もないでしょう。しかし、それだけではないのです。私が気象情報を提供することでお手伝いさせていただいた多くの方々は、コーディネーターとしての「考え方」に基づいて、私の提供した気象情報を使って正しい判断を下し、無事に

長期航海を乗り切っておられました。そして、私の提供した気象情報も、コーディネーターとしての「考え方」を持っておられる方に、あたかも部下のように使われてこそ、真価を発揮させていただけたと感じたのです。では、この「考え方」とは具体的にいかなるものなのでしょうか。

この「考え方」こそが、本書で最もお伝えしたいことですから、本書では真っ先に「考え方」が最も重要になる長期航海をモデルにして、その中身を徹底的に分析することにしました。このため、「考え方」という話題の性格上、抽象的な話にならざるを得ないため、冒頭部分は機械的に気象判断のノウハウを知りたいという方にとっては、少々まどろっこしいと感じられるかもしれません。しかし、続く気象判断の解説は、「考え方」をご理解いただいていることを前提に、どの本よりも機械的かつ実践的な解説にしたつもりです。また、気象学の知識については、コーディネートの対象でしかないという発想から、必要最低限の解説に留めています（すでにご存じのことばかりです）。このため、本書は気象情報の取扱心得、そして取扱説明書という性格が濃くなっていますから、純粋に気象学の勉強をしたいとお考えの方は、すでに本棚の奥にしまってある気象学の本を開いていただいたほうがよいかもしれません。しかし、この本を読んでいただいた後であれば、難しいと思って放り出していた本でも、目的を持って楽しく読み直していただけるはずです。

このように、本書は気象情報の取扱説明書的な性格の本ですから、GPSやオートパイロットの取扱説明書と同様、本棚ではなくチャートテーブルの中に入れてこそお役に立てると信じています。漁港の片隅に舫ったヨットのキャビンで、天気予報にうるさいヨット乗りが一杯やりつつ四方山話をしている姿を思い浮かべながら読み進めていただければ結構ですが、来るべき日本一周にこの本も連れていっていただけるのなら、それが私にとって最高の喜びです。

●私の船のキャビンに設置してある書棚

2章

長期航海のために必要なこと

2章 長期航海のために必要なこと

1 長期航海につきまとう不安

　ヨットやボートの雑誌を読んでいると、長期航海と長距離航海という言葉が使い分けられていることがあります。読み比べてみると、長距離航海とは、太平洋横断とか世界一周など一度出港したら入港するまで数日から数カ月の期間を要する長い航海を指し、長期航海とは、半年から数年続けて港を渡り歩き、日本一周や本州周航などをする航海をいうようですが、クルージング派といわれるヨット乗りなら、いずれも夢をかきたてられる言葉でしょう。

　もっとも、長距離航海のほうは、初の太平洋単独横断を成し遂げた堀江謙一さんの時代に比べれば容易になったとはいえ、いまだに冒険的な要素が強く、実行に移す気持ちにはなかなかなれません。

　一方、日本一周をはじめとする長期航海は、週末のデイクルージングを積み重ねるようなものですから、時間さえ許してくれるのであれば自分にもできそうな気がしてきます。実際、日本各地のヨットは、それぞれのホームエリアの中でクルージングを楽しんでいるわけですから、長期航海といっても各地のクルージングエリアを渡り歩くにすぎないと考えれば、さほど難しいことではないといえます。ここ数年、日本一周を楽しむ多くの方が航海記をブログなどで公開するようになっており、その数が年々増えているということも、長期航海が決して特別なものではないことを証明しているといえるでしょう。

　全国各地に海の駅が整備されつつある昨今、寄港地に関する根深い問題は次第に解消しつつあり、長期航海を実現する環境はかなり整ってきたといえます。また、インターネット上には多くの方々の航海記が公開されており、寄港地や航路に関する新鮮な情報が入手できるようになっています。そうすると、長年船を維持し、長期航海を夢見る多くの方の心にブレーキをかける最後の要因は、「天気を読み誤って荒天に遭遇することへの不安」であると言えるかもしれません。

　前述のように、長期航海はデイクルージングの積み重ねにすぎませんから、「天気を読み誤って荒天に遭遇するこ

とへの不安」を解消する方法は、普段のデイクルージングにおいて、天気を読み誤って失敗をしないための方法論と大きく異なるものではありません。そうだとすれば、クルージングに出かける回数が多ければ多いほど、あるいは船上で過ごす時間が長ければ長いほど、操船やメンテナンスの能力が向上するのと同様、天気を読む能力も向上し、いつでも日本一周に出発できそうに思えます。

しかし、そう簡単に「天気を読み誤って荒天に遭遇することへの不安」が解消しないのはなぜでしょうか。

2章 長期航海のために必要なこと

2 長期航海特有の課題とは？
……長期航海に必要な能力

確かに、デイクルージングを積み重ねつつ、全国のクルージングエリアを渡り歩くだけで日本一周を実現することができます。私自身の本州周航の航海も、オーバーナイトは遠州灘通過の一回だけでしたし、私がお手伝いさせていただいた日本一周セーラーの方々の多くも、デイクルージングだけで日本一周を達成しておられました。ですから、週末のデイクルージングと同様、24時間以内の空模様の判断さえ誤らないようになれるなら、「天気を読み誤って荒天に遭遇することへの不安」を解消することができるはずです。

しかし、長期航海ならではの課題があることも確かです。長年ヨットに乗り続け、数えきれないほどクルージングに出かけたことがあるという方でも、それはゴールデンウイークや夏休みなど、毎年きまった季節に限定されていたのではないでしょうか。また、そのようなクルージングにおいてさえ、武勇伝になるような荒天に遭遇した経験があるのではないでしょうか。

日本一周をするためには、よほど急ぐ旅でないかぎり、船底塗装をしつつシーズン到来を待ちわびていた春先には母港を出発することになります。また、週末のたびに雨に降られていた梅雨時も日和を見つつ航海を続ける必要がありますし、マリーナで強風対策をしていた台風シーズンも、見知らぬ漁港の片隅に身を潜めて台風をやり過ごさなくてはなりません。

　さらに、長期航海では通常のクルージングの何倍もの数のレグを短期間でこなすことになりますから、いつもと同じ感覚で航海を続けたとすれば、何倍もの確率で武勇伝になるような荒天に遭遇してしまうことになるでしょう。

　この点、週末のデイクルージングや夏休みの一週間程度のクルージングでは、荒天やトラブルに遭遇しても、多くの場合「頑張って帆走する」ことでカバーできてしまいますし、それを乗り越えることによって自然と技量も向上していくものです。しかし、長期航海では毎日頑張ることなどできませんし、それでは夢の長期航海も苦難の行軍になってしまいます。

　また、初めての海域で遭遇する荒天は、慣れた海域で遭遇する荒天よりもずっと恐ろしく感じられるものです。このため、恐怖感から普段では想像もできないような失敗をしてしまうかもしれませんし、仮にトラブルでも発生して、修理のために小さな漁港に何週間も足止めされることにでもなれば、長年温めてきた旅がそこで終了してしまうかもしれません。

　脅かすようなことばかり挙げてしまいましたが、通常の天気予報のチェックについても、いつもとは少々異なることがあります。例えば私自身、本州航海中に、太平洋側の海風は南寄りの風、日本海側の海風は北寄りの風、という当たり前のことに改めて驚きを感じました。穏やかな晴れの日、太平洋側の天気予報は押しなべて「北の風 日中 南の風」になりますが、日本海側では「南の風 日中 北の風」になるのです。つまり、通常の天気予報のチェックにおいても、初めて訪ねる地域特有の天気傾向をある程度知り、あるいはその理由を考えることができないと、天気予報の中身を正しく理解することができないのです。

　このように、長期航海における「天気を読み誤らないための能力」は、普段のクルージングよりほんの少しだけ高いものが要求されます。そして、この能力は、経験を積むことによって自然と向上する操船やメンテナンスの能力とは異なり、経験だけではなかなか身につかない長期航海ならではの課題といえるでしょう。

```
気象判断 = 経験の機会が少ない  →  天気を読み誤って
                                 荒天に遭遇することへの不安
              ↓
      天気を読み誤らないための能力を
              高める必要性
```

　もっとも、長期航海に限らず、先週末より今週末、前シーズンより今シーズンと、クルージングの距離や日程を増やしていく成長段階においても、程度の差こそあれ同様の課題を克服する必要があることはいうまでもありません。初めて島に渡った時、あるいは目の前に立ちはだかっていた半島の向こう側を訪ねた時、頬に感じる風の変化に、遠くまで来たことを実感された方も多いでしょう。この課題を克服する方法は、なにも長期航海だけではなく、普段のクルージングにも役立つはずです。

●梅雨前線の通過を待つ（島根県温泉津）

2章 長期航海のために必要なこと

3 「天気を読み誤らないための能力」とは？

　では、長期航海につきまとう「天気を読み誤って荒天に遭遇することへの不安」を解消するために会得すべき「天気を読み誤らないための能力」とは、具体的にいかなるものなのでしょうか。

　私は、気象予報士として放送局で天気予報を伝える立場を経験した後、臆病なヨット乗りとして本州周航の航海に出かけ、天気予報のヘビーユーザーという立場も経験しました。つまり、天気予報の送り手と受け手、いずれの立場も経験したわけですが、これら両極端の経験を通して、常にいくつかの疑問を持ち続けていました。せっかくプロ集団の気象庁が作った天気予報があるのに、天気予報を作るための道具である気象学を勉強しなくてはならないのはなぜだろう？ マリーナや船上で携帯電話を片手にピンポイント予報などの新しい天気予報で天気チェックをするヨットマンが増えているのだから、新しい天気チェックの方法論があるのではないだろうか？ 携帯端末の進歩によって、船上においても予報官さながらの情報を入手できるようになっているにもかかわらず、「ラジオを聞きながら揺れるチャートテーブルで天気図を書いたものだ」という時代の方法論に縛られ続けてはいないだろうか？ ということです。

　そして、これらの疑問の答えを考える中で「天気を読み誤らないための能力」とは、あふれかえる気象情報を目的に応じて取捨選択し、正しく理解した上で、「天気予報の確からしさを把握することができる能力」のことであり、気象学は天気予報の確からしさを考える上で必要最小限の勉強をすれば足りる道具に過ぎないのではないかと考えるようになったのです。

　ここからは、なぜ、「天気を読み誤らないための能力」が「天気予報の確からしさを把握することができる能力」を意味するのか、そして、「天気予報の確からしさを把握すること」とは具体的にいかなることか、その答えを順に説明していきたいと思います。

```
天気を読み誤らないための能力
          ↓
天気予報の確からしさを
把握することができる能力   ＝ ？
```

3章

「天気予報の確からしさを把握する」こと

3章「天気予報の確からしさを把握する」こと

「天気を読む」ということ

「天気を読み誤らないための能力」とは「天気予報の確からしさを把握することができる能力」を意味すると言いきってしまいましたが、その理由を理解していただくために、気象判断の場面でしばしば使われる「天気を読む」という言葉の意味から考えてみることにしましょう。

「天気を読む」ことの意味を問われた時、多くの方は未来の空模様を先取りして知ることだと答えると思います。私自身もそう考えてきましたし、一般的な使われ方も同様でしょう。しかし本当にそうなのでしょうか。

以前マリーナで、気象講習会の講師をさせていただいたことがありました。受講者は、ヨット歴の長い経験豊富な方ばかりで、ラジオを聞きながら天気図を書くこともできる方も大勢いらっしゃいましたが、そんなベテランの方々が異口同音に口にしていたのが「天気図の読み方を教えてほしい」という言葉でした。

そんなベテランヨットマンが、なぜ天気図を読めないのでしょうか。不思議に思いながらも講習会を進めているうちに、受講者の多くがすでに天気図を読むことができ、必要十分な気象学の知識を持ち、インターネットも含めた様々な天気予報を使いこなされていることがわかってきました。確かに何年も船に乗り続けていれば、足がガクガクと震えるような恐怖体験を経て、天気予報を入念にチェックするようになったり、気象に関する本を読み込むことがあるはずです。ましてや、気象講習会に参加されるような方であれば、多かれ少なかれ問題意識をもって気象の勉強をされたに違いないのです。でも、そこまで勉強をして、天気図まで書けるようになったベテランが、いまさらなぜ「天気図の読み方を教えてほしい」と口にするのでしょうか。

不思議に思いながら説明を続けた講習会も時間切れになる頃、受講者が最も知りたかったことは、低気圧や前線の構造や天気図の記号の読み方などではなく、未来の空模様を予想するための即効的な方法論だということがわかったのです。つまり、受講者の

多くが、講習会で身につけたかったことは、天気図を読むことではなく気象庁発表の予報とは別個に、天気図を使って予報を考える＝「天気を読む」ための方法論だったわけです。

私は、講習会の後片付けをしながら気象を仕事にする以前の自分の姿を思い浮かべていました。というのも、私自身も多くの受講者と同様、あるいはそれ以上に自分自身で未来の空模様を予想したいと考え、それこそが「天気を読む」ことだと信じていたからです。

私は人一倍臆病な性格であるにもかかわらず、初めて持った私のヨットは異常なまでに腰の軽いレース艇でした。このため、強風や高波に対する恐怖心は想像を絶するもので、デイクルージングでさえ数日前から天気予報を欠かさずチェックし、当日の朝はテレビの天気予報番組をハシゴ。そして、天気予報を文面どおりに信じて（信じたつもりで）失敗すると、もはや自分で予想するしかないと考えて、天気に関する雑誌の記事は必ずスクラップし、読みやすそうな気象の本はかたっぱしから読みあさる始末でした。

しかし、恐怖心が解消できたのかといえば、にわか仕込みの自分の予想に確信など持てるはずもありませんから、自分の予想と出港直前の天気予報が少しでも異なっていれば、天気予報をそのまま鵜呑みにするしかありませんでした。この行き詰まりから私と天気の長い付き合いが始まったのですが、あの頃の私の前に気象講習会の案内があったら、最前列で参加して、多くの受講者と同様、「天気（図）の読み方を教えてほしい」と言っていたことでしょう。

はたして「天気を読む」とは、自分自身で未来の空模様を予想することなのでしょうか。

●筆者がチャートテーブルで描いた手書きの天気図

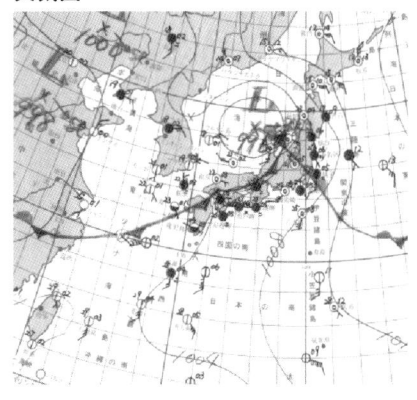

2 天気は自分で読むものなのか？

3章「天気予報の確からしさを把握する」こと

　自ら未来の空模様を予想したいと考えて気象学を勉強された方の多くは、私のように行き詰まる道を歩んでこられたのではないでしょうか。

　ただ、単純直情的な私は、ためらいもなく気象予報士になることを決意したのです。気象予報士試験に合格するほど気象学の勉強をすれば、自分の予想も確かなものになるに違いない。そうすれば、怖い思いをしないですむし、あこがれの日本一周も夢ではないと考えたからです。そして、空を見るのが好きだからとか、気象に興味があるからという純粋な動機で気象の勉強をする方が多い中、恐怖心から勉強を始めた臆病者の私は、まぐれで気象予報士試験に合格することができました。

　しかし、その結果はただ単に気象学に詳しいヨットオーナーになっただけでした。洗濯や布団干しのために予報を考えるならいざしらず、海に出るという命がかかった場面では、頭でっかちになっただけの自分の予報など信じられるはずがないのです。このため、自分の予報とテレビの天気予報が異なるときは、戸惑いながらもテレビの天気予報を信じるしかありませんでした。

　その後、私は機会に恵まれ気象会社に転職することになり、テレビやラジオで天気予報を伝える仕事をするようになってから、自分自身で未来の空模様を予想したいという私の考え方が間違っていたことに、やっと気付かされることになったのです。

●ウェザーニューズ社　予報作成部門

　あたりまえのことですが、一個人がどんなに勉強して予報を作っても、気象のプロが何人も集まって作る気象庁や民間の気象会社の予報を超えることは不可能に近いのです。もちろん、一人の気象予報士が気象庁の予報に勝る予報を出すことはあり得ます。でも、

それは熟知した狭い地域の特定の内容の予報に限定されるものであって、たった一人の気象予報士が365日24時間、全国すべての地域の空模様を、気象庁や気象会社を超える精度で予想をし続けることは不可能なのです。

また、多くの資料を多角的、継続的に検討するほど予報の精度は上がるものですが、一個人が気象庁や気象会社と同等の高価な情報を集め、事細かに検討することは事実上困難ですし、仮にそれができたとしても、たった一人では見落としや誤りが発生し、命をかけるに値する精度の高い予報を作り続けることはできないのです。

結局、「天気を読む」ということは自分自身で予想をすることであるという私の考え方が妄想にすぎないことを思い知らされたわけですが、気象講習会で「天気の読み方を教えてほしい」と言った受講生の方々も、程度の差こそあれ私と同じ誤りに陥っていたといえるでしょう。

「天気を読む」ということ
≠ 自分で天気を予想すること

気象学を勉強して自分自身で未来の空模様を予想できるようになることが無駄だとはいいませんが「天気を読む」こととイコールではないのです。

3章 「天気予報の確からしさを把握する」こと
3 「天気を読む」以前に知っておくべきこと……実は知らない天気予報

気象予報士になったとしても信頼するに足る予想はできないというのなら、私たちにとって「天気を読む」ということは、気象庁や気象会社が作った天気予報を盲目的に信じるということを意味するのでしょうか。もちろんそんなことは言いません。そうだとしたらこの本はここで終わってしまいます。

ここからは、「天気を読む」ということの本当の意味について話を進めていきますが、その前に少しだけ道をそれて、気象庁発表の天気予報を盲目的に信じることさえ難しいという、驚くような話をしておきたいと思います。

ところで気象会社では、予報がはずれると、視聴者にとどまらず天気予報

番組の制作を請け負っている放送局からもクレームを頂戴することがあります。民間気象会社にとって予報へのクレームは死活問題ですから、クレームを受けた担当者は、クレームのあった予報を検証し、報告書を作成して放送局に事の顛末を報告しなければなりません。放送局からは文句を言われ、気象会社の予報作成部門からは番組作成に問題があるとイヤな顔をされて、あまり嬉しくない仕事なのですが、私も何度かこの報告書を作成したことがありました。

報告書を作るにあたっては、実況をつぶさに調査し、実況に対してどのような予報が発表されていたかを比較することになりますが、私が作成した調査結果のほとんどは「予報は当たっていた」というものでした。もちろん、顧客である放送局の担当者のご機嫌を損ねない表現で報告書を書くわけですが、単刀直入に言ってしまえばクレームの多くは放送局の無知にすぎなかったのです。誤りの原因は、賞味期限の切れた古い予報を見ていたとか、天気マークが意味する空模様を正しく理解していなかったなど様々でしたが、天気予報の初歩的な使い方を知らないがゆえのクレームがほとんどでした。

本当に予報が当たっていたのかと疑われるかもしれませんが、天気予報の初歩的な使い方すら知らない人は案外多いものです。例えば、天気予報は一日に何回、何時に発表されるのか、即答できるでしょうか。また、気象庁から予報が発表されたとしても、新しい予報が放送に反映されるのは何時頃になるのかご存じでしょうか。「出港前には最新の天気予報を確認しましょう」などといわれますが、最新の天気予報が発表される時間や放送される時間を知らない方は結構多いと思います。あと5分待てば最新の予報が発表されるのに、それを知らずに賞味期限切れの前日の予報を見て出港するのでは、予報を確認しなかったのと同じことでしょう。

私はこのような誤りに接するにつれ、過去の自分も含めて、自ら未来の空模様を予想したいと考えている方々の多くが、天気予報の初歩的な使い方を知らないがゆえに誤って予報を使い、予報がはずれたと誤解した結果、予報を信頼できなくなっているのではないかと考えるようになりました。自分も含めてというと、気象予報士に合格したくせに、天気予報の使い方を知らないはずはないだろうと思われるかもしれませんが、その試験内容は気象学という学問がほとんどですから、高層

天気図や特殊な天気図を理解することができても、最新の天気予報が何時から放送されるのかなどという実務的なことは知らないに等しいのです。気象学に詳しい気象予報士といえども、天気予報の使い方を知らなければ、天気予報を盲目的に信じることさえできないわけです。

3章「天気予報の確からしさを把握する」こと

4 「天気を読む」ことは、天気予報を「信じる」こと。天気予報を「信じる」ことは「天気予報の確からしさを把握する」こと

さて、盲目的に天気予報を信じることさえ難しいということをご理解いただきましたから、ここで本題にもどりましょう。

「天気を読む」ということが、自分で未来の空模様を予想することではなく、予報を盲目的に信じることでもないということになると、「天気を読む」ということが何をすることなのか、ますます分からなくなってきたと思います。そこで、「天気を読む」ということが自分自身で未来の空模様を予想することを意味しない以上、唯一の拠り所にせざるを得ない天気予報との接し方、すなわち天気予報を「信じる」ということについて深く考えてみましょう。

まずは、車で待ち合わせをするときのことを思い出してみてください。約束の時間に待ち合わせ場所に到着したはずなのに相手が見当たらない。そこで、相手の携帯に電話をして「あと何分で到着するの？」と聞いたとします。すると、「あと30分で着くよ」という返事があったとしましょう。

普通なら相手の言葉をそのまま「信じる」ことになるでしょうが、相手が遅刻の常習犯であったり、あなたがどうしても先を急ぎたい場合ならどうでしょうか。「今、どこにいるの？」とさりげなく問いかけて、待ち合わせ場所と相手との距離を思い浮かべ、渋滞の有無や道路事情なども考えて、相手の返事が「そば屋の出前」ではないかと疑ってみるのではないでしょうか。決して盲目的に相手の言うことを「信じる」わけではないはずです。

また、仮に相手が予想到着時間に遅れた場合でも、「朝の渋滞を考慮しなかったのはまずかったね」とか、「年

度末の混雑の見積もりが甘かったんじゃないの」などと具体的な予測の甘さを責めることはあっても、到着時刻の予想がはずれたこと自体を責めることはないでしょう(怒りの度合いにもよるでしょうけれど)。

このように、相手の予測の確からしさを疑ったり、具体的な理由を挙げて相手を責めることができるのは、相手の立場に立って到着予測時間の確からしさを判断することができるからです。また、相手の予測の確からしさを判断できるからこそ、相手が遅れている場合にも、もうしばらく待つべきか、あるいは一足先に出発するべきかなど、容易に次善の対応をとれるのです。

| 「信じる」ということ | = | 確からしさを判断すること |

↑

次善の対応の根拠

では、天気予報の話に戻りましょう。天気予報も、観測値やコンピューターの計算値などを根拠に、未来の空模様を科学的に予想し、安全マージンを考慮して発表されるものですから、予想の方法は車で待ち合わせする場合とそれほど異なるわけではありません。最近では、車で待ち合わせするにも、渋滞情報対応のカーナビや携帯のナビサイトなどを使って予想到着時刻をはじき出すことができますから、両者はかなり似ているといえるでしょう。

しかし、遅刻の常習犯に疑いの目を向ける人でも、天気予報を見て「本当に雨になるの？」「もっと風が強まるんじゃないの？」と疑いの目を向ける人はあまりいません。また、予報がはずれたとき、具体的な理由を挙げて気象庁を責める人もいませんし、避難港に入港するなどの次善の対応が遅れがちになることも多いでしょう。これは、車で待ち合わせする場合のように、相手の立場に立って予測の確からしさを具体的に判断することができない(と思っている)からです。

つまり、私たちは、天気予報の確からしさを判断できない(と思っている)ために、天気予報を盲目的に信じざるを得なくなっているのです。

もうおわかりだと思いますが、本来天気予報を「信じる」ということも、車で待ち合わせする場合と同様、相手(予報官)の立場に立って予報の確からしさを具体的に判断した上で、それを受け

入れるということです。つまり、天気予報を「信じる」ことは「天気予報の確からしさを把握すること」であり、「天気を読む」ということを意味します。

天気を読む ＝ 天気予報を信じること ＝ 天気予報の確からしさを把握すること

3章 「天気予報の確からしさを把握する」こと

5 「天気予報の確からしさを把握する」こと

　やっと「天気を読む」ということの意味がわかりましたが、それが「天気予報の確からしさを把握すること」だとしても、私たちはどのようにして天気予報の確からしさを把握すればよいのでしょうか。また、そんな大それたことができるのでしょうか。

　ところで、天気予報の確からしさというと、天気予報が当たる確率だと考えるのが普通だと思いますが、待ち合わせ場所に相手が時間通りに到着することの確からしさを考える場合はどうでしょうか。「あいつが時間通りにやってくる確率は30パーセントだな」などと考える人はいないでしょう。「年末年始だから予想以上に渋滞して30分くらい遅れることもありうるねぇ」というように、予想とのズレが発生する可能性とその理由、そして予想されるズレの量を具体的に考えているはずです。つまり、予測の不確実性を受け入れながら、予測通りにならない場合のシナリオも無意識のうちに想定しているのです。また、予測通りにならない場合の別のシナリオも想定できているからこそ、万が一予測通りにならなかったときには、ズルズルと相手を待つのではなく、一足先に出発するなどの次善の対応ができるのです。

　ここでいう「天気予報の確からしさを把握する」ということも、単に天気予報が当たる確率が何パーセントなどと考えることではなく、天気予報がはずれる可能性とその理由、そしてはずれた場合に予想される空模様を具体的に考えること、すなわち「天気予報の別のシナリオを想定すること」を意味します。

| 天気予報の確からしさを把握すること | ＝ | 天気予報の別のシナリオを想定すること |

　もっとも、多くの方は「天気予報の別のシナリオを想定すること」などできないと思っておられるはずですし、そんなことを考えたこともないでしょう。また、「天気予報の別のシナリオを想定すること」ができないために、天気予報を盲目的に信じざるをえなくなり、その結果、天気予報への漠然とした不信感を抱いておられることと思います。そして、天気予報通りの空模様にならなかった場合には、現に起こりつつある天気予報とは別のシナリオを受け入れることができず、次善の対応に遅れがちになっているはずです。

3章 「天気予報の確からしさを把握する」こと

6 「天気予報の別のシナリオを想定する」こと

　「天気予報の確からしさを把握する」こと、すなわち「天気予報の別のシナリオを想定する」ことについて、もう少し詳しく説明しましょう。

　私がテレビの天気予報番組を担当していた時のこと、気象庁発表の天気予報を解説するために、他人（予報官）が作った予報の理由を、毎日、何度も考えていたことがありました。というのも、雨が降るにしてもその理由は様々ですが、気象庁発表の予報を解説する以上、予報官と同じ理由をふまえて番組構成をする必要があったからです。そのため、予報官が使ったと思われる資料を集め、自ら予報を組み立て、予報官が作った予報と見比べて、予報官の思考過程をたどる作業ばかりをしていました。

　気象予報士にとっては、他人のフンドシで相撲をとるようなものですから面白い仕事ではなかったのですが、そのうちに予報官はなぜ「一時 雨」ではなく「時々 雨」という予報を作ったのだろうかなどと、自分がイメージした空模様と予報との違いに疑問を持つようになったのです。予報官になりきってその心の

内を探るようなものですが、やがて疑問に対して自分なりに筋の通った理由を見いだすことができるようになると、次は予報官が、予報を完全にはずしたと考えていることはあまりないように思えてきたのです。つまり、予報がはずれたと感じられる多くの場合は、天気変化のタイミングや程度が、誤差の範囲でズレたにすぎず、そのような場合でも予報官は、予報がはずれた場合の天気のシナリオをあらかじめ想定していたに違いないと考えるようになったのです。

予報を組み立てるときには様々な可能性を考えるわけですが、可能性を考慮すればするほど考え得る予報のシナリオも複数になってきます。そして、時にはどのシナリオを予報として発表すべきか迷う場合が生じます。このようなとき、たとえ発表した予報がはずれたとしても、はずれた場合の天気のシナリオは発表されなかったシナリオとして想定されていたはずだというわけです。

さて、昔話はこれくらいにして、以上の話を天気予報の作り手や送り手の立場ではなく、受け手の立場から考えてみましょう。仮に私のように、予報官が用いたと思われる資料を使って予報官の予報作成の思考過程をたどったとします。その時、複数の思考過程が想定され、いずれのシナリオを選択すべきか迷ったのなら、予報官も同様にシナリオの選択に迷った可能性が高く、同時に予報がはずれやすい場合であると考えられます。そして、天気予報として発表されなかったもう一つのシナリオが、予報がはずれた場合の別のシナリオになる可能性が高いと考えることができるのではないでしょうか。

| 予報官の予報作成過程を想定する |

| 複数の天気のシナリオが想定されている |

| どのシナリオを選択すべきか？ |

| 発表された予報と異なるシナリオ | ＝ | 天気予報の別のシナリオ |

これこそが「天気予報の別のシナリオを想定する」ことの意味であり、本書で説明する具体論のベースになる考え方なのですが、天気予報の受け手の立場では、こんな突飛な考え方をにわかに信じられないかもしれません。し

かし、ある日の短期予報解説資料という気象事業者向けの資料の中に、こんな一節が書かれていました。

「降水域や降水量の予想は、GSMとMSMで微妙に異なっており、これまでの実況からはどちらが優位とも言い難い。……(中略)……西・東日本では、両モデル、前イニシャル等を参考に、○日は広い範囲で降水の可能性があるものとして考えたい。」

これを書いた予報官は、スーパーコンピューターがはじき出したGSMとMSMという二種類のモデル(シミュレーションプログラム)の異なる予想降水域の計算値を前にして、どちらを採用して予報を作るべきなのか、迷った事実を書かずにはいられなかったのでしょう。つまり、予報官といえども、迷いに迷って予報を作成せざるを得ない場合があるのです。

この日は広い範囲で雨があり、結果的に予報は当たったのですが、仮に予報がはずれたとしたら、狭い範囲の雨というシナリオになったことでしょう。

●予報官の迷いが表現されている短期予報解説資料

短期予報解説資料　２０１０年　６月　８日０３時４０分発表
　　　　　　　　　　　　　　　　　　　　　気象庁　予報部

1. **実況上の着目点**
①500hPa 寒冷渦の中心が、対馬海峡付近にあって、-12℃以下の寒気を伴っている。寒冷渦の東から南東にかけて降水域が広がり、四国沖から紀伊半島沖にかけては、やや発達したエコーで、所々で発雷を伴い、メソサイクロンも検出している。
②南南上の前線と低気圧は、ゆっくり東進しており、これらに伴うエコーは、沖縄の東海上。

前線記号はFT24が黒塗り、FT48が白抜き
FT24顕在化、ほぼ停滞
FT30から35KT[GW]線
主要じょう乱解説図

2. **主要じょう乱の予想根拠と解説上の留意点**
①1 項①の寒冷渦による降水域や降水量の予想は、GSMとMSMで微妙に異なっており、これまでの実況からはどちらが優位とも言い難い。寒冷渦の東～南東象限にあたる、西・東日本では、両モデル、前イニシャル等を参考に、8日は広い範囲で降水の可能性があるものとして考えたい。時間降水量は、昨日の実況から全般に最大10～20mmだが、局地的には最大30mm前後。急な強い雨、落雷、突風、降ひょうに注意。
②1 項②の前線上の東海沖に、FT12までに低気圧が発生する。また前線の北側の伊豆諸島付近には、FT36までに別の低気圧が発生。これらの低気圧近傍では、FT30以降35KT[GW]級。波は伊豆諸島では最大 4m、その他最大 3m で、太平洋側では強風や高波に注意。GSMは低気圧の発達のタイミングと位置にイニシャル変りがあるが、発達傾向は変わっていないので、最新のGSMを採用した。ただし、降水については、MSMも参考にする。
③FT24以降、華中で前線が顕在化する。中国東北区のブロッキングHの影響で、500hPaの流れは蛇行しているため、FT48にかけては、ほぼ停滞で、前線に伴う雨域は弱まりながら南東進する程度。

3章 「天気予報の確からしさを把握する」こと

そんなことができるのか？

「天気予報の確からしさを把握する」ために「天気予報の別のシナリオを想定する」わけですが、こんなことを言うと、素人の自分ごときにそんな難しそうなことができるのかという不安な気持ちになりますし、未熟な知識で気象庁の予報にケチをつけているようにも思えてくるのが当然だと思います。

しかし、自ら予報を考え、上からの目線で気象庁が発表した天気予報を吟味しようとするならば、それは無謀というものですが、すでに発表されている天気予報や資料を見ながら、予報の作成過程をイメージするわけですから、模範解答や公式集を見ながら数学の証明問題を解くのと同様、決して難しいことではないのです。

また、気象のプロ中のプロである予報官が迷いに迷って選択したシナリオを最も出現可能性の高いシナリオとして尊重し、予報の作成過程をイメージすることで予報の内容を十分に理解した上で、予報官が選択しなかった別の天気シナリオを、それも予報がはずれて天気が悪化する場合だけを次善の策のために想定するわけですから、気象庁の予報にケチをつけることとはまったく異なります。

さらに、別のシナリオの想定に失敗したとしても、天気予報が当たった、あるいは良い方法にはずれたにすぎませんから、得るものはあっても失うものはないのです。

3章 「天気予報の確からしさを把握する」こと

ズバリの不文律を乗り越えて

ところで、私たちは、長いこと「ズバリの不文律」にしばられてきたように思います。これは私が名付けたものですが、日本の天気予報業界には、どんな

に不安のある予報でも自信をもって発表しなければならないという暗黙のルールがあるのです。このため、予報官にしても民間気象会社の気象予報士にしても、迷いに迷ったもう一つの天気のシナリオになる可能性が五分五分であったとしても、たった一つのシナリオしか発表できないのです。そして、予報の受け手である視聴者さえも、本来正解などありはしない天気予報にたったひとつの正解があるかのような錯覚をしているように思えるのです。

この点、様々な可能性を伝えるのでは視聴者を混乱させてしまうと考えるならば、天気をズバリと伝える意味もありそうですし、洗濯物の乾きを判断するために天気予報を使うならはズバリ結論だけを教えてくれたほうが便利かもしれません。また、予報を伝える者にとっても、ズバリと予報を伝えてズバリと当たれば気持ちが良いことは確かです。しかし、命がかかっている海の気象判断の場面で、迷いに迷った不安な天気予報を、無理やりズバリと出されても、それは迷惑以外のなにものでもないでしょう。

かつてはもっと厳しい「ズバリの不文律」が法律によって定められていて、放送局の天気予報番組の担当者は、迷いが生じたであろう難しい気象条件下の天気予報だとわかっていても、気象

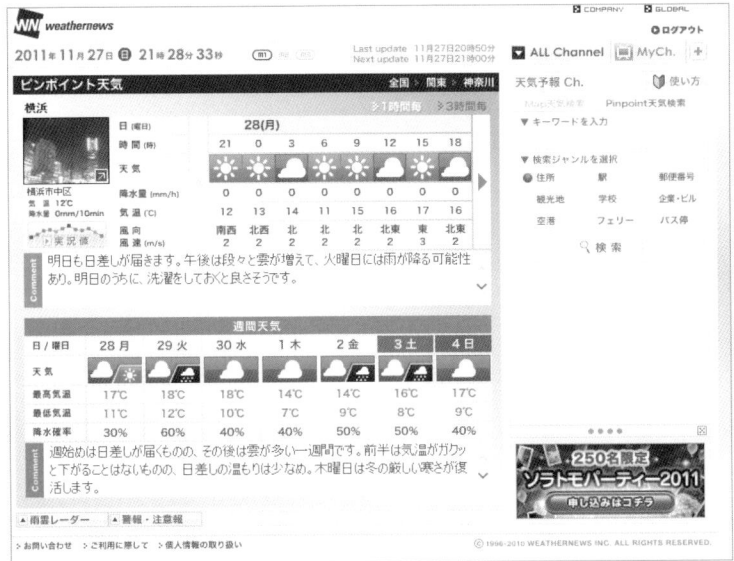

●民間気象会社の独自予報（ウェザーニューズHP）

庁発表の予報を寸分たがわずズバリと放送しなければなりませんでした。

しかし、天気予報が自由化され、民間の気象会社が独自に予報を発表することができるようになって、放送局ごと、サイトごとに予報が異なるという形で、天気予報には様々なシナリオが存在していることを、私たちも直接目にすることができるようになっています。

このような状況は、「天気予報の確からしさを把握すること」が最も重要だと考える私にとっては喜ばしいパラダイムシフトなのですが、天気予報の自由化によって「何を信じてよいかわからなくなった」とか、「○チャンネル、△△放送の予報が当たるような気がする」という声をまだまだ耳にします。このような声が聞かれるのは、天気予報のパラダイムシフトが起こっているにもかかわらず、いまだに「ズバリの不文律」にしばられている人が多いからでしょう。

本書との出会いを機会に、ぜひとも「ズバリの不文律」の呪縛から解放され、天気予報との新しい付き合い方を身につけていただきたいと思います。

4章
予報利用学の基礎

1 予報利用学

　抽象的な話が長くなってしまったので、具体的な方法論に入る前に、ここまでの話を簡単にまとめておきましょう。

　まず、長期航海はもとより、普段のデイクルージングにおいても「天気を読み誤らないための能力」を高めることの必要性を理解していただきました。そして、そもそも「天気を読む」ということは「天気の確からしさを把握すること」であり、それは予報官の天気予報の作成過程をイメージして「天気予報の別のシナリオを想定する」ことなのだということを、一緒に考えていただきました。

　つまり、ここまでの説明で理解していただきたかったことは、三段論法的に、「天気を読み誤らないための能力」を高めるということは、「天気予報の別のシナリオを想定する」方法を理解し、それを使いこなせるようになることを意味しているということです。

　このような考え方は、自ら天気を予想できるようになること（ミニ気象予報士になること？）を目的として、低気圧や前線の構造などを解説するテキストの趣旨とは考え方を異にします。また、天気予報の作成者や送り手の立場の方法論ではなく、天気予報のヘビーユーザーの立場にある者の天気予報を利用し尽すための方法論といえます。そこで、本書では、このような考え方に基づく天気予報の利用方法を「予報利用学」と呼ばせていただくことにします。

2 予報利用学に使う予報とは

　さて、ここまでは特に断らずに「天気予報」という言葉を使ってきましたが、天気予報という言葉を聞いて思い浮かべるものは何でしょうか。天気マー

クや予想気温の数字が地図上に並んでいるあの画面を思い浮かべる人や、一日を地域ごとの時系列表にして天気マークを並べたものを思い浮かべる人など様々ではないでしょうか。

　予報利用学とは、「天気の確からしさを把握すること」、すなわち予報官が迷ったあげく発表をしなかった「天気予報の別のシナリオを想定する」方法論ですから、その前提として、発表された天気予報の内容を正しく理解しておかなければなりません。しかし、予報利用学を実践しようとする人が、それぞれ異なった「天気予報」を思い浮かべているようでは予報利用学の根底が定まりません。また、いわゆる「天気予報」と呼ばれるものの中には、予報官が悩みに悩んで作成した最終製品ともいえる天気予報から、コンピューターがはじき出した計算値をそのまま表示している半製品のような天気予報まで様々ですから、予報官が作り上げた最終製品といわれる天気予報を確認しておく必要があります。

　そこで、最初に予報利用学において確からしさを把握すべき「天気予報」とその使い方について説明しておきたいと思います。結論だけ先に言ってしまうと、予報利用学に用いる天気予報は、電話の177番の天気予報、正確にいえば177番の音声合成装置の元ネタになる「府県天気予報」ということになります。

```
　予報利用学の基本になる天気予報
　　　　　　　＝
　　府県天気予報（気象庁発表）
```

●府県天気予報の原文

```
神奈川県　２７日１７時
東部
今夜　　南西の風　海上　では　南西の風　やや強く
　　　　くもり　　　　　　　　　　　　　（２００）
明日　　北の風　後　東の風　くもり　昼前　まで　時々
　　　　晴れ　　　　　　　　　　　　　　（２０１）
明後日　北の風　後　北東の風　くもり　後　雨
　　　　　　　　　　　　　　　　　　　　（２１４）
海
今夜　　波　１メートル
明日　　波　１メートル
明後日　波　１メートル　後　１.５メートル
西部
今夜　　南西の風　海上　では　南西の風　やや強く　くもり（２００）
明日　　北の風　くもり　昼前　まで　時々　晴れ　　（２０１）
明後日　北の風　後　北東の風　くもり　後　雨　　　（２１４）
海
今夜　　波　１メートル
明日　　波　１メートル
明後日　波　１メートル　後　１.５メートル

気温　明日朝の最低　　　　　１１度　　（横浜）
　　　　　　　　　　　　　　８度　　（小田原）
　　　明日日中の最高　　　　１７度　　（横浜）
　　　　　　　　　　　　　　１８度　　（小田原）

降水確率　（１８-００）　　００００　（東部）
　　　　　　　　　　　　　００００　（西部）
　　　　　（００-０６）　　００００　（東部）
　　　　　　　　　　　　　００００　（西部）
　　　　　（０６-１２）　　００００　（東部）
　　　　　　　　　　　　　００００　（西部）
　　　　　（１２-１８）　　００１０　（東部）
　　　　　　　　　　　　　００１０　（西部）
　　　　　（１８-２４）　　００１０　（東部）
　　　　　　　　　　　　　００１０　（西部）

海上の最大風速
今夜　　１０m／s
明日　　　６m／s
明後日　　８m／s
```

4章 予報利用学の基礎

3 府県天気予報の情報量

　予報利用学に用いる「天気予報」が、177番に使われている「府県天気予報」だということに、拍子抜けされたと思いますが、スマートフォン全盛の世の中で、なぜ177番の天気予報を用いなくてはならないのでしょうか。

　インターネット上の天気予報サイトには、オーソドックスな天気マークの天気予報だけではなく、郵便番号や住所で対象地域を検索できるピンポイント予報や、CGを使って未来の空模様をリアルかつ直観的に理解できるように工夫した天気予報が溢れています。そんな新しい天気予報と比べると、○○県北部などという大ざっぱなエリア分けしかされておらず、電報のように単純な用語だけで構成されている府県天気予報を使うことに不安を感じられるのも当然だと思います。

　しかし、177番は本当に新しい天気予報より劣っているのでしょうか。まずは、その情報量について考えてみましょう。

　それでは、テレビやネットでおなじみの天気マークや気温・降水確率などの数字を地図上に並べた画面を思い浮かべてみてください。マークや数字を見れば子供でも一目で天気分布を把握でき、マークの組み合わせで「のち」とか「一時」などの天気変化を大ざっぱに表現できますから、短い放送時間

●天気マークの天気予報の例（気象庁HP）

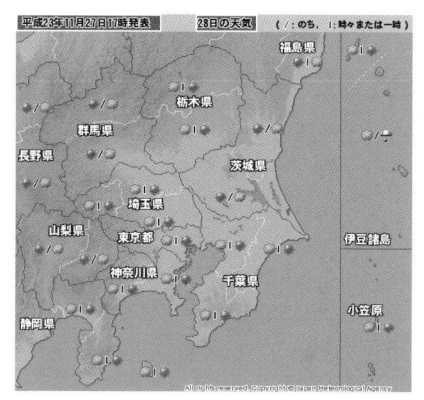

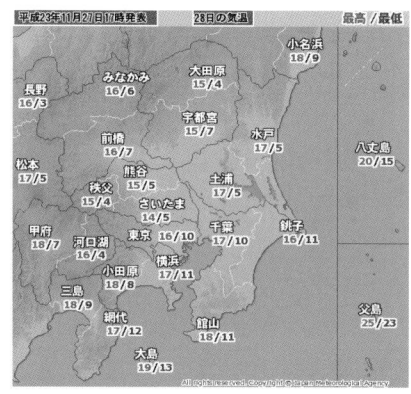

で広い放送エリアの天気を伝えなくてはならないテレビの天気予報番組にとっては欠かせない画面といえます。また、テレビ放送が始まって以来、何十年も使われてきましたから、天気予報といえばこの画面を思い浮かべる方が多いのも当然でしょう。

しかし、天気が変化する「のち」や「一時」が、具体的に何時頃を指すのかはこの画面だけではわかりません。また、同じ雨でも雷を伴う雨なのか、激しい雨なのか、雨の降り方まで読みとることもできません。

この点、177番に使われている府県天気予報には、具体的に「昼過ぎから夕方　雨」とか、「夜　雨で雷を伴い非常に激しく降る」などと、天気変化の時間帯や雨の降り方が記載されており、さらに「所により昼過ぎから雨で雷を伴う」とか、「山沿いでは雪」など、地域の一部で発生する気象現象や、現象が発生する場所まで丁寧に書かれています。これらの情報は、天気マークの天気予報では絶対に読みとることができ ませんから、明らかに府県天気予報の情報量が勝っているといえます。

それもそのはず、天気マークの天気予報は、府県天気予報をコンピューターで解読し、予報文の末尾に記載されているテロップ番号という数字にしたがって、100なら太陽マーク、200なら雲マークを簡略表示するというカラクリにすぎないからです。天気マークの天気予報は、解説もなしにネット上に表示するのは言語道断、天気変化のタイミングなどを伝えるアナウンサーやキャスターの解説があって初めて成立する予報といえるのです。

天気マークの天気予報以外にも、感覚的に理解しやすい（ように見える）予報がたくさん発表されていますが、どの予報と比較しても、ひとつの予報の中に、天気、風、波、気温、降水確率など、すべての気象要素が盛り込まれ、簡潔に表現されている予報は見当たりません。情報量において天気予報の最終製品である府県天気予報の右に出るものはないのです。

府県天気予報の情報量 ＞ **天気マークの天気予報の情報量**

4章 予報利用学の基礎

4 府県天気予報の対象エリア

次は、府県天気予報の予報対象エリアが、ピンポイント予報と比較して広すぎるのではないかという点について考えてみましょう。

● **Yahoo天気のピンポイント予報**

● **気象庁発表の分布予報（気象庁HP）**

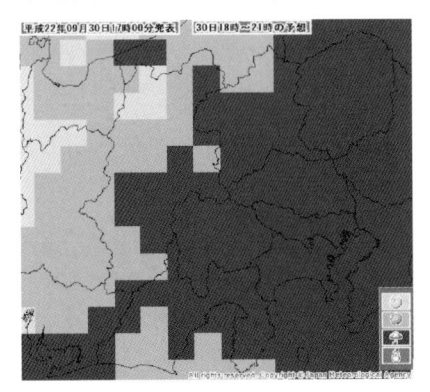

メッシュ予報とか分布予報などと呼ばれ、天気の変化を時系列でイメージすることができる予報ですが、実はピンポイント予報とは兄弟のような予報なのです。簡単に言ってしまえば、ピンポイント予報はメッシュ予報の格子の一つを取り出し、格子の色を天気マークに置き換えて作られています。したがって、ピンポイント予報を表示するために住所や郵便番号で地域を選択する作業は、メッシュ予報の特定の格子を選ぶための作業にすぎません。

このように、両者の違いは同じ情報を面で見せるか点で見せるかの違いにすぎないのですが、伝わる情報は大きく異なります。例えばメッシュ予報で、雨の格子と晴れの格子が隣り合わせになっている場合を思い浮かべてみてください。仮に頭上の格子が晴れでも、隣の格子が雨になっていれば、予報がはずれて（ズレて）雨になるおそれがあることを直感的に把握することができます。ところが、ピンポイント予報の場合には、頭上の晴れマークしか表示されませんから、わずか数キ

ロしか離れていない隣の格子で雨が予想されていることを知ることができません。このため、予報がはずれた場合には180度異なる天気に面食らうことになるのです。

したがって、ピンポイント予報を使うためには、必ず広いエリアを対象とした予報も併用して安全マージンをとる必要があるわけですが、それならば広いエリアを対象とした府県天気予報を基本の予報として用い、ピンポイント予報を補助的に使うのが正しい予報の使い方といえるでしょう。つまり、府県天気予報の対象エリアが広すぎるのではなく、むしろピンポイント予報のエリアが狭すぎるといえるのです。

ピンポイント予報の対象エリア ≪ 府県天気予報の対象エリア

以上で、予報利用学に用いる府県天気予報の情報量は決して少ないものではなく、エリアも広すぎるものではないということをご理解いただけたと思います。

予報利用学では、天気予報の最終製品である府県天気予報の確からしさを把握することを目的にします。

4章 予報利用学の基礎

5 府県天気予報の使い方

それでは、府県天気予報の使い方を説明することにしましょう。

府県天気予報に限らず多くの気象情報の使い方は大きく二つに分けられます。まず、最新かつ必要な気象情報を発表スケジュールに従って入手するということ。そして、入手した気象情報をルールに従って正しく使うということです。

気象情報の使い方 →　最新かつ必要な気象情報を発表スケジュールに従って入手
　　　　　　　　→　ルールに従って正しく使う

1. 府県天気予報の発表スケジュール

恥ずかしながら、気象予報士に合格しても、気象会社に入社するまで知らなかったのが天気予報の発表時間でした。そして、真っ先に覚えたのが、府県天気予報の発表スケジュールでした。というのも、気象庁から発表されている様々な気象情報の発表時間の多くは、予報の最終製品である府県天気予報の発表時間に合わせてスケジューリングされているからです。このため、府県天気予報の発表時間を覚えておくことは、最新の天気予報を入手するという目的だけではなく、他の気象情報の発表時間を思い出すためにも大変役立ちます。ですから、これを機会に府県天気予報の発表時間はぜひとも覚えていただきたいと思います。

さて、府県天気予報は、毎日5時、11時、17時の3回発表されるのが原則ですが、天気が急変して予報を変更する必要が生じた場合には、修正されたものが随時発表されることになっています。もっとも、これらの発表時間はあくまで気象庁が発表する時間ですから、メディアを通じて私たちの手元に届くには若干のタイムラグが生じるということを覚えておかなければなりません。

| 府県天気予報の発表スケジュール | = | 原則1日3回(5時・11時・17時) |

テレビ・ラジオ・ネットのタイムラグに注意！ 　発表時間は必ず確認！

府県天気予報は各地の地方気象台が原則1日3回作成し、すべて東京大手町の気象庁に送信されることになっています。そして、気象庁でまとめられた全国の府県天気予報は、気象業務支援センターという団体を通じて民間の気象会社に配信されます。さらに、民間の気象会社が府県天気予報のデータに独自の処理を加え、天気予報サイトに表示するとともに、番組制作の契約をしている放送局に再配信を行い、最終的に放送局で天気マークのCGが作成され、原稿作成などアナウンサーやキャスターの準備が整った段階で、ようやく放送されるに至ります。

したがって、ネット上の天気予報は気象庁の発表時間とほぼ同時か数分遅れて更新され、ラジオやテレビでは5分〜15分遅れて放送されることになります。ですから、府県天気予報に限らず、気象情報を使う場合には、必ず発表時間を確認するように心がけ、発表時間

を明示していないものは、やむをえない場合以外使わないほうが良いでしょう。

2.府県天気予報のエリア

　府県天気予報の発表スケジュールもわかったところで、いざ府県天気予報を確認しようとしても、航海先ではすぐに困ったことに陥ります。というのも、航海先ではチェックすべき天気予報のエリアがわからなくなるからです。

　関東のヨットマンでさえ、千葉県の「北西部」と「南部」の境界を正確に覚えている方は少ないはずですし、岩手県の宮古が、「沿岸北部」「沿岸南部」のどちらのエリアに含まれるのかは、岩手県出身のヨットマンでないかぎり知らないのが普通でしょう。

　府県天気予報が発表されるエリア分けを一次細分区域といいますが、気象庁HPには全都道府県の一次細分区域の地図が掲載されています。この地図には警報・注意報のために、一次細分区域をさらに細かく分けた二次細分区域や市町村のエリア分けも記載されていますから、長期航海に限らず都道府県境を越えてクルージングに出かける際には、素早く複数のエリアを確認できるよう、プリントして持参することをおすすめします。

　府県天気予報の発表区域を持参する

●警報・注意報や天気予報の発表区域
　（気象庁HP）

3.府県天気予報の内容

　発表時間のスケジュールと、予報のエリアがわかればあとは予報文を読むだけと思われるかもしれませんが、ルールに従って、正しく使う必要があります。まずは、覚えておくべき府県天気予報の内容について説明しておきましょう。

　府県天気予報の内容は、原則として今日・明日・明後日の天気と風と波、明日までの6時間ごとの降水確率と最高・最低気温の予想です。ここで、原則と書いたのは、明後日の予報は5時の予報では発表されず、11時と17時の

予報ではじめて発表されるからです。

したがって、朝のテレビ番組やネット上の天気予報に明後日の予報が表示されていても、それは前日17時に発表された「古い」予報ということになります。また、明後日の予報では降水確率や予想気温が発表されませんから、たとえ明後日の降水確率が表示されていても、それは府県天気予報とは作成過程や発表時間が根本的に異なる週間予報として発表されたものです。

通常のデイクルージングにおいて明後日の予報の重要性は低いと思いますが、長期休暇のクルージングや日本一周などの長期航海中では、荒天を避けて早めに帰港するべきか、荒天をどの港でやり過ごすべきか、日和待ちの休息をどの港で楽しむべきかなど、数日先のことも考える必要に迫られます。このため、明後日の予報も思いのほか気になるものですから、明後日の予報だけが例外的な扱いになっていることは覚えておいてください。

なお、11時発表の予報は前日21時の観測を基礎にして作成されますが、17時発表の予報は当日9時の観測を基礎にして作成されます。そこで、明後日の予報を確認するのなら、より新鮮な17時発表の府県天気予報を使うよう心がけてください。

府県天気予報は、発表ごとに内容が異なる ➡ 「明後日」に注意！

●府県天気予報の内容（気象庁HP）

短期予報で発表する予想要素												
	天気予報			気温			降水確率					
	今日	明日	明後日	最高 今日	明日	最低 明日	06-12	12-18	18-24	00-06	06-12	12-18	18-24
05時予報	○	○	○	○	○	○	○	○	○	○	○	○	
11時予報	○	○	○	○	○			○	○	○	○	○	○
17時予報	○	○	○		○	○			○	○	○	○	○

4. 府県天気予報を読むためのルール

次は、府県天気予報の読み方について説明しましょう。

府県天気予報は、日常使われる平易な言葉で書かれているため、使われている用語に厳格な定義があることすら知らずに、読み流している方が多いと思います。しかし、それでは府県天気予報が伝えようとしている情報の半分以上を読み落としていることになります。

例えば、「夕方」という言葉を聞けば日の入り前後の時間帯をイメージする方が多いと思いますが、天気予報用語

では15時〜18時を意味します。このため、日の入りが遅い夏場の予報文に「夕方から雨で雷を伴う」と書かれていた場合、用語の定義を知らなければ、日の高い15時頃に発生した雷雨に面食らうことになるでしょう。

また、日常あいまいに使われている「時々」とか「一時」という言葉にしても、「時々」については「ある現象が断続的に発生し、その発生した時間が予報期間の二分の一未満であるとき」、「一時」は「現象が切れ間なく発生し、その時間が予報期間の四分の一未満であるとき」などと厳格に定義されていますから、定義を知っていれば雨の降り方もある程度イメージすることができます。

さらに、私たちにとって最も気になる風にしても、予想される風速によって、「やや強く」が10m/s以上15m/s未満、「強く」が15m/s以上20m/s未満、「非常に強く」が20m/s以上と厳格に定義されていますから、わざわざピンポイント予報を調べなくとも、具体的な風速さえも知ることができるのです。

**府県天気予報を
ルールに従って正しく使う
＝ 用語集に従って読む**

これらの用語は、必要に応じて改定されており、「宵のうち」という表現が「夜のはじめ頃」に改定されたことは記憶に新しいと思います。最新の用語集は気象庁のホームページに掲載されていますから、府県天気予報を確認しつつ、疑問が生じたらすぐに用語集を確認できるよう、気象庁のホームページを使って府県天気予報をチェックすることをおすすめします。

●予報用語 時間帯（気象庁HP）

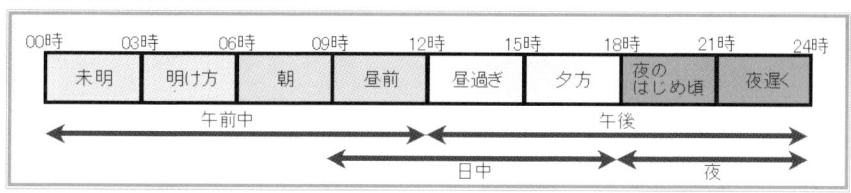

00時	03時	06時	09時	12時	15時	18時	21時	24時
未明	明け方	朝	昼前	昼過ぎ	夕方	夜のはじめ頃	夜遅く	

午前中：00時〜12時
午後：12時〜24時
日中：09時〜18時
夜：18時〜24時

●予報用語 風速（気象庁HP）

表現	風速	人への影響
やや強く	10m/s以上15m/s未満	風に向かって歩きにくくなる。傘がさせない。
強く	15m/s以上20m/s未満	風に向かって歩けない。転倒する人も出る。
非常に強く	20m/s以上	しっかりと体を確保しないと転倒する。

5章

予報利用学の
方法論1
……実況把握編

1 方法論の説明の仕方

5章 予報利用学の方法論1……実況把握編

　予報利用学に用いる天気予報が「府県天気予報」であることをご理解いただいたところで、予報利用学の方法論、すなわち、府県天気予報の確からしさを把握するための方法の説明に入ります。

　天気予報の確からしさを把握するということは、予報官が天気予報を作成する過程をイメージしつつ、予報官が迷ったあげく発表しなかった天気予報の別のシナリオを想定することでした。そうすると、あらかじめ予報の作成過程を知っておく必要がありますから、そのために、まずは予報作成の道具といえる様々な気象情報の種類や使い方を説明しておくのが本来の解説の仕方といえます。しかし、いきなり個々の気象情報の原理や使い方を説明しても、単なる気象情報の取扱説明書になってしまいますから、読み進めていただくにしても、説明するにしても退屈なページが続くことになってしまいます。そこで、予報の作成過程をイメージする具体的な方法論を説明しながら、場面ごとに登場する気象情報については、説明を理解していただくために必要な限度の解説をするに留め、方法論の説明の後で詳しい説明をすることにしました。

　このため、方法論の流れが止まらないよう、テレビの天気予報などでお馴染みの用語はそのまま使い、個々の気象情報の解説もかなり簡略化していますから、場合によっては初めて耳にする用語や初めて目にする気象情報がいきなり登場するかもしれません。しかし、後に詳しい説明がありますから、耳慣れない用語が登場してもためらいなく置き去りにして、まずは方法論の大筋と、気象情報の種類、そして気象情報の使用目的を理解することに専念していただきたいと思います。

　また、方法論を読み進めていくうちに、やるべきことの多さに驚かれるかもしれませんが、方法論を十分に理解していただけるよう、あえてフルスペックの方法論を説明しているだけですから、心配する必要はありません。方法論の最後で、驚くほど簡単に作業を行う方法を説明しますから、省略した作

業を行っても必要な情報が得られるだけの理解をしていただけるよう、まずはフルスペックの方法論にお付き合いいただきたいと思います。

なお、すでに説明したとおり、予報利用学は従来のラジオやテレビに代わり、ノートパソコンやスマートフォン、タブレット端末等の機器の登場によって入手可能になった新しい気象情報を使う方法論です。したがって、船上（停泊中）においてインターネットを閲覧することができるということが前提となっています。

5章 予報利用学の方法論1……実況把握編

2 実況把握の大切さ

　未来の空模様のスタートラインは現在の空模様ですから、予報官の予報作成過程は、実況をつぶさに把握し、現在の空模様を可能な限り具体的にイメージすることから始まります。また、テレビの天気予報番組の解説が、衛星画像や実況気温などからスタートするのも、視聴者に現在から未来へと続く空模様の変化として予報を理解して欲しいからです。したがって、私たちが予報利用学に基づいて予報官の予報作成過程をイメージする場合でも、まずは実況把握の過程からイメージする必要があります。

　　　実況把握　➡　予報の作成

　この点、未来の空模様を知りたいというはやる気持ちから、ついつい軽視されがちなのが実況把握ですから、まずは実況把握がいかに大切か、ということから説明しておくことにします。

　ところで、クルージング先の漁港で、波や風の様子が気になるあまり防波堤に登って背伸びをしてしまったことはないでしょうか。安全にクルージングを楽しみたい、怖い思いをしたくないという気持ちが強ければ強いほど、できるだけ高い所に登って水平線の先まで見渡したいという気持ちになるのは誰もが同じだと思います。

　気象庁も天気図も無かった江戸時代、一枚帆の北前船で交易していた船頭にとって、未来を予測するための情報は、五感で感じる頭上の空模様

だけでした。彼らは、船を出す前には必ず港近くの小高い丘に登って「日和」を判断し、貴重な積み荷や水夫、そして自らの命と船の運命を決断していたといわれています。

●北前船

●酒田の日和山公園の方角石

また、港々には、地元の日和に精通した「日和見」と呼ばれる人々がいて、悩める船頭に助言をすることを生業にしていたといいます。

今でも日本海沿岸の歴史ある港の近くには、必ずといってよいほど「日和山」という地名の丘が残っていて、港湾案内にも山口県の仙崎港、島根県の浜田港、兵庫県の津居山港、山形県の酒田港など各地にその名を見つけることができます。

私もヨットで日本海を北上中、いくつかの日和山を訪ねましたが、日和山の頂に立つと、背伸びをして水平線に見入る船頭の姿が目に浮かび、防波堤の上に立つ自分の姿とだぶらせてしまいました。そして、彼らがこの場所で得た実況のみで日本海を縦横に駆け巡り、江戸時代の日本経済を支えていたことに驚きを感じざるをえませんでした。

予報利用学の方法論も、大切な実況把握から始まります。

3 実況把握の考え方

　実況把握がいかに大切なのか理解していても、具体的に実況を把握する方法となると、注意深く五感を働かせるということや、気象衛星や気象レーダーなどの観測結果を注意深く観察するという程度のことしか思い浮かばないと思います。また、実際に五感を働かせたとしても、せいぜい「水平線付近に湧きあがるような雲がある」「白波が立って風が強い」程度のことしか感じとることができないでしょうし、どんなに目を凝らして衛星画像を観察しても、「西日本上空に雲がかかっている」「前線の雲が帯のように南岸に停滞している」程度の事柄しか読みとれないのが普通だと思います。

　実際のところ、いくら実況把握の重要性を理解していても、予報官でない限り「使える」実況把握などできるものではありません。気象予報士の私にしても、実況把握のトレーニングを積んだ予報官の足下にもおよばないと断言できます。

　では、私たちが実況把握をして、予報官の実況把握の過程をイメージするにはどうすればよいのでしょうか。ここで陥りやすいのは、雲の種類を覚えたり、気象衛星や気象レーダーに関する教科書やパターン集を熟読するという方法論です。賢明な読者のみなさんは、それが誤りだと感じておられるはずですが、誤りの理由を説明することで、予報利用学における実況把握の方法をご理解いただけると思いますので、少しだけお付き合いください。

　さて、空を見上げて真っ黒な厚い雲が見えたのなら、誰でもそれが雨雲であることがわかります。これは、真っ黒な雲は雨を降らせるということを経験上知っているからです。また、少しでも気象衛星の画像について勉強したことのある方なら、テレビの天気予報で見る衛星画像の中にとりわけ白く輝く雲を見つけたのであれば、それは発達した背の高い雲で、その下では強い雨が降っている可能性が高いということがわかるでしょう。これも、白く輝く雲は発達した雨雲だということを勉強によって知っているからです。つまり、頭の引き出しの中にある注目

すべき気象現象を探し出すという「目的」を持って景色や衛星画像を見た場合と、そうでない場合とでは、実況把握で得られる情報の量と質に大きな差があるということです。

予報官は日々の観測の中で注目すべき気象現象を発見するトレーニングを積み、頭の中の引き出しをいっぱいにしていますから、引き出しの中にある現象を探すという「目的」を持って実況把握をすることができます。しかし、私たちがいくら勉強をしたとしても、実況把握を生業としている予報官のように頭の引き出しをいっぱいにすることはできませんし、実況把握の「目的」とすべき中身を素早く取り出せるようにはなれません。結局は、雲や衛星画像を見るたびに典型パターンの気象現象に当てはまらないという大きな壁にぶつかることでしょう。雲の写真を片手に空を観察しても、よほど典型的な雲でない限り、その種類を判別することは困難であり、教科書を片手に衛星画像の雲を判別しようとしても、すぐに無理だと気づくはずです。

私自身、実況把握の実戦的な手法を学びたいと考えて様々な本を読みあさったことがありますが、実況把握の目を養うために日々の研鑽が大切だなどと精神論に終始している本はあっても、実況把握の実践的な方法論やトレーニング方法について体系的に説明した本を見つけることができませんでした。これは、科学一般においてそうであるように、気象現象の実況把握においても先入観を排除した科学者の目が必要とされているからだと思います。

しかし、実況把握において科学者の目を必要とするのは予報を作る立場の人だけであって、すでに発表された予報を受け取る立場の私たちに要求されるものだとは思えません。私たちの場合、予備知識もなく観測値を見ることのほうが、かえって実況を読み誤る可能性が高いといえます。また、五感を働かせることの重要性は無視できないにしても、その五感がどれほど頼りになるかは何の保証もありません。手元の携帯電話のレーダー画面に雨雲が映し出されているのに、観天望気を優先させて出港することはできないでしょう。

現在では、当たり前のように誰でも衛星画像や気象レーダーの観測値を見ることができるようになっていますが、それに留まらず予報官が実況把握をして作成した天気概況や速報天気図、短期予報解説資料などという資料も簡単に手に入れることが可能で

す。日本でもトップクラスの予報官が、私たちのためにわざわざ作ってくれた実況把握の模範解答を手に入れることができるわけですから、これを使わずして自力で実況把握をすることは、予報官が作った予報をそっちのけにして、自分で予報を作ろうとしているのと同じことと言えるでしょう。

予報利用学においては、まず予報官が実況把握をする上で着目したポイントを天気概況などの資料から読みとり、それを探すことを実況把握の「目的」にして、その位置や原因を実況天気図で確認し、衛星画像や気象レーダーなどを使って実況把握すべきと考えます。

自分で完全な実況把握をするのは困難 ➡ **予報官の実況把握を利用する**

　このような考え方は、従来の気象学の教科書をお読みになった方にしてみれば、少々違和感を覚える考え方かもしれません。しかし、五感を磨きあげていた北前船の船頭でさえ、慣れない海域では地元の気象現象に精通した「日和見」という気象予報士？　を雇って、出港判断の助言を受けていたといいます。そうだとすれば、私たちが現代の「日和見」である予報官の助言（天気概況や実況天気図）を受けて実況を把握することは、極めて自然なことといえるのではないでしょうか。
　また、北前船の船頭のように五感を磨くことが困難だとしても、私たちの目の代わりに現代の遠メガネともいえる気象衛星や気象レーダーがあるわけですから、これを有効に使うことを否定するのは賢い考え方とはいえません。もちろん、最新の気象データといえども万能ではありませんから、自分の頭上の空模様は必ず五感をもって把握しなければなりません。しかし、気象情報を入手する手段が少なく、いったん出港してしまえば北前船の船頭と同じ状態に陥った時代に書かれた船舶免許のテキストのように、すべての場面において五感を重視し過ぎることは、かえって危険をもたらしかねないと思います。

5章 予報利用学の方法論1……実況把握編

4 実況把握の基本資料

　予報利用学における実況把握は、予報官が実況把握をして作成した、着目点が記載された資料を参考（カンニング？）にしながら、実況天気図、衛星画像、気象レーダー、アメダスなどの実況データをチェックすることを意味しますが、予報利用学においては、予報官の着目点が記載された資料のうち、私たちが容易に入手できる天気概況と短期予報解説資料を用います。

予報官の実況把握を記載した資料	＝	天気概況
	＝	短期予報解説資料

　まず、天気概況とは、府県天気予報と同時に各地方気象台から発表される文字情報で、予報官が予報を作成するにあたって着目した雨や風の様子や、気圧配置等が、誰にでも理解できる簡単な文章でまとめられている資料のことです。

　電話の177番や、ラジオなどでそのまま読み上げている場合もありますから、それらしいものを一度は耳にしたことがある方が多いと思います。もっとも、ラジオやテレビでは最近なかなかお目にかかれなくなりましたから、ネット上の一部のサイトか、確実に掲載されている気象庁のホームページで入手するのがよいでしょう。

●天気概況の一例

天気概況
平成23年11月27日16時40分　横浜地方気象台発表
神奈川県では、28日まで空気の乾燥による火の取り扱いに注意して下さい。

日本の東には高気圧があって、東に移動しています。
現在、神奈川県は、おおむね薄曇りになっています。
今夜は、引き続き日本の東の高気圧におおわれますが、上空の雲が広がるでしょう。
このため、神奈川県は、おおむね曇りでしょう。
明日は、高気圧が日本のはるか東に移動し、西からは気圧の谷が接近してくる見込みです。
このため、神奈川県は、おおむね曇りとなりますが、昼過までは晴れ間の広がる所があるでしょう。
神奈川県の海上は、今夜から8日にかけて多少波があるでしょう。

　他方、短期予報解説資料とは、民間気象会社などの気象事業者のために、府県天気予報等の根拠を理解するための補助資料として気象庁が一日2回（午前4時前と午後4時前）発表しているものです。一般にはあまり知られていない専門的な資料ですが、ここ数年、複数のサイトから無料で入手できるようになっています。

● 短期予報解説資料

短期予報解説資料　　２０１１年　８月２４日０３時４０分発表
　　　　　　　　　　　　　　　　　　　　　　　　気象庁 予報部

１．実況上の着目点

①前線上の低気圧が朝鮮半島の南にあって、九州には暖湿気が流入、下層収束も明瞭で、南西走向に線状降水帯が形成、雷を伴う猛烈な雨が降り、24時間降水量も350ミリを超えるなど、大雨による災害に厳重な警戒が必要。

②沿海州付近にある寒冷渦はゆっくりと東進、これに伴い、500hPa5820m付近の強風帯はやや北上。

③伊豆諸島から関東の東には、下層で湿潤な気塊があって北上中。

④23日12UTCにフィリピンの東で台風第11号が発生。

[図: 主要じょう乱解説図]
・前線記号はFT24が黒塗り、FT48が白抜き
・前線はやや北上するが、日本海沿岸から東北地方に停滞する。前線付近では、短時間強雨のおそれがある。落雷、竜巻などの激しい突風にも注意。
・九州では、24日朝にかけて大雨が続く、土砂災害、浸水害、河川の増水やはん濫に厳重に警戒。
・25日にかけて、西日本～東日本の太平洋側には、暖湿気が入る。対流雲の発達に注意。

主要じょう乱解説図

２．主要じょう乱の予想根拠と解説上の留意点

①24日は、500hPa5820m付近の気圧の谷が黄海付近に残り、西谷続く。また、サブハイが次第に強まるため500hPa高度場は上昇するが、渦度0線の位置はやや北上するのみ。日本付近の前線はFT48にかけて日本海沿岸～北日本に停滞し、北日本を低気圧やキンクが通過し、大雨となる。

②1項①の線状降水帯は、下層収束域が明瞭な朝まで続き、九州で雷を伴う非常に激しい雨が降る所がある。浸水害、土砂災害、河川の増水やはん濫に厳重に警戒、落雷や竜巻などの激しい突風にも注意。MSMの方が実況との対応が良いが、線状降水帯の位置ズレを考慮し利用。

③24日は、西日本～東日本の太平洋側から暖湿気が流入しやすくなり、25日にはTD（夜には不明瞭）も南西諸島方面に接近し範囲は広がる。低気圧性の曲率をもつシアー周辺、地形効果による降水強化が見込まれる所を中心に（非常に）激しい雨に注意・警戒。落雷や突風にも注意。

３．数値予報資料解釈上の留意点

最新のGSMを基本とした。九州の線状降水帯はMSMを参考に検討。南西諸島に進むTDは次第に不明瞭となるが、目先は実況からやや東にずらす。

４．防災関連事項[量的予報と根拠]

①大雨ポテンシャル（06時からの24時間：地点最大）：九州北部　120ミリ、西日本から東日本の太平洋側80-120ミリ、東北80ミリ。2項の短時間強雨に留意。

②波：モデル基本だが、目先はやや割り引くが、小笠原や沖縄で3m。

５．全般気象情報発表の有無　　発表はしませんが、地方情報を参照下さい。

　実況上の着目点と、主要じょう乱（低気圧や前線など）の予想の根拠、解説上の留意点などが記載されていて、教科書の虎の巻（教科書ガイド）のようなお宝の資料といえますから、テレビのお天気キャスターの多くが必ず目を通していて、ときにはこの資料を平易な言葉に読み変えているだけではないかと思える解説をするキャスターさえ見かけます。

　もっともプロ用の資料なので、その内容は難しい専門用語が多く、初めて

目にする方の多くは、その難解さに読むことをあきらめてしまうかもしれません。しかし、それは単に用語を知らないことと、予報を作る立場の人のために書かれている私たちに不必要な内容まで理解しようと無理をしてしまうからです。読み飛ばす事柄が多いと誰でも不安になるものですが、短期予報解説資料を読まずに衛星画像や気象レーダーを見るよりは、ずっと正しい実況把握ができるはずですから、理解できないことが多くても心配することはありません。掲載されている簡易図を併せ読むことで内容の半分でも理解できれば合格点と考えて、まずは目を通すことの抵抗感をなくしていただきたいと思います（後で必要な用語の読み方を説明してあります）。

なお、天気概況と短期予報解説資料には、実況だけではなく予報作成の過程や考え方も記載されていますから、予報の作成過程をイメージする際にも欠かせない資料として用いることになります。

5章 予報利用学の方法論1……実況把握編

5 実況上の着目点を読みとる方法

1. 天気概況と短期予報解説資料の読み方

実況把握の前段階として、予報官が実況把握をするにあたって着目した点を、天気概況と短期予報解説資料から読みとるわけですが、実況把握すべき気象現象は一つとして同じものはありません。そこで、すべての現象に共通する読み方を具体的な例を挙げて説明しておきたいと思います。

例えば、最寄りの気象台発表の天気概況に、「本州の南海上には前線が停滞しています」と書かれており、短期予報解説資料には「前線は東シナ海から西日本を通り伊豆諸島にのびており、前線上の低気圧が西日本を東進している。低気圧近傍下層には暖湿気が流れ込んでおり、雷を伴い1時間40ミリ前後の降水を観測している。」と書かれていたとしましょう。

この場合、予報官が着目した実況把握上のポイントは、「停滞」する「前線」

と「前線上の低気圧」ということになりますが、これらの用語について知らない人はいないでしょう。また、「前線」が「南海上」すなわち「東シナ海から西日本を通り伊豆諸島にのびて」いること、「前線」上の「低気圧」が「西日本」にあることも自明です。そして、前線上で何が起こっているのかについては短期予報解説資料に「低気圧近傍」で「雷を伴い1時間40ミリ前後の降水を観測している」と書かれていますから、40ミリがどの程度の雨かイメージできなくとも、強い雷雨になっていることくらいは誰でも想像できるはずです。

　もっとも、「低気圧近傍下層には暖湿気が流れ込んでおり」という理由については意味がわからない方がいらっしゃるかもしれません。これは、テレビのお天気キャスターが、天気図上に赤の矢印を書き込みながら湿った暖かい空気が流れ込んでくることを説明する、まさにその矢印のことを意味しているわけですが、知らなければ知らないで無視しても一向にかまいません。所詮、天気図に書き込みをしなければ意味が伝わらない専門的な話なのですから、天気予報を受け取る立場の私たちにとって直ちに重要なことではないのです。この例の場合、私たちは、「前線」と「前線上の低気圧」の位置を実況天気図から探し出し、その「低気圧近傍」の雲の様子を衛星画像で確認し、「雷を伴い1時間40ミリ」の雨が降っている様子をアメダスや気象レーダーで確認できればよいのです。

　この点、せっかく専門的な資料を読むというのに、読みとるべきことが少なすぎると思われるかもしれませんが、仮に私たちがこれらの資料を読まなかったとすればどうでしょうか。実況天気図を眺め、前線と低気圧の位置が重要なポイントになっていることを自力で見つけ出さねばなりません。また、低気圧の下で雨が降っていることや、その雨の強さをアメダスや気象レーダーで調べる必要があることに気付く必要もあるでしょう。さらに、雷が発生していることに至っては、調べることすら思いつかないかもしれません。ですから、天気概況や短期予報解説資料を流し読みするだけでも、私たちにとっては十分すぎるほどの貴重な情報が得られるのです。

短期予報解説資料はプロ用の資料	→	わからなければ読み飛ばす
‖		‖
予報を作る・解説するためのもの		実況把握の資料としては十分

ところで、短期予報解説資料の実況に関する記述の多くは、「(低気圧などの天気図上の現象)が」「(場所)にあって」「(現象発生の理由)しているため」「(雨などの気象現象)が」「(○○ミリ・○○メートルなど気象現象の状態)になっています」という形式で書かれていますが、これらの中で難しいと感じるのは現象発生の理由がほとんどです。というのも、現象発生の理由は、予報の作成やテレビなどの解説に最も必要な事柄だからです。言い換えれば、プロでさえ見解の相違や誤りが生じやすい事柄といえますから、実況把握を目的としている私たちにとって、必ずしも欠かせない情報とはいえません。ですから、安心して読み飛ばしていただきたいと思います。しかし、どうしても理由が気になるのであれば、短期予報解説資料を開いたブラウザの隣で検索をすれば、たいていのことは調べることができるはずです。また、ワンセグ視聴可能ならテレビの天気予報を見たり、ラジオの天気予報の解説を聞くことで、理由の概要を十分に理解できるはずです。

2.複数の天気概況を読む

予報官が実況把握をするにあたって着目した点を、天気概況と短期予報解説資料から読みとる基本的な方法は以上のとおりですが、天気概況があまりにもシンプルに書かれていて着目点を読みとれない場合がないとはいえません。このような場合、他の地域の天気概況を読むことで、実況把握の着目点を見つけることができる場合があります。

全国の地方気象台は五つの管区に構成されていて、管区単位で予報が統一されていますから、各管区内の気象台が発表した天気概況はほぼ同じ内容になっています。他方、他の管区の天気概況の内容は異なることになりますから、他の管区の天気概況には、最寄りの地域の天気概況には書かれていなかった着目点が書かれている場合があるのです。

●気象庁の管区（気象庁HP）

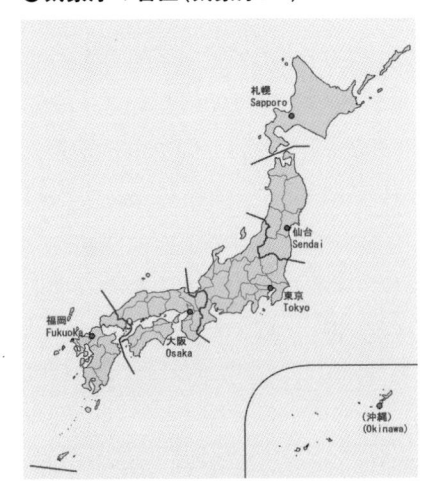

離れた管区の天気概況ですから、直ちに最寄りの地域に直接影響してくる着目点ではない場合もありますが、遅かれ早かれ最寄りの地域に影響することをあらかじめ詳しく知ることができますから、けっして無駄な作業にはなりません。また、同じことが書かれていても、複数の天気概況を読むことで同じ気象現象を多角的にとらえることができるため、気付かなかった着目点が浮き彫りになることもあります。

複数の天気概況を読むといっても、五つの天気概況を、たった数行読むだけのことですから、最寄りの地域の天気概況から実況上の着目点を読みとることができる場合でも、可能な限り他の管区の天気概況にも目を通したほうがよいでしょう。多くの模範解答を読んだほうが、よりよい答案を書けるようになるのと同じです。

| 実況把握の着目点がわからない 多角的に実況を把握したい | ➡ | 複数の管区の天気概況を読む |

5章 予報利用学の方法論1……実況把握編

6 実況天気図で着目点の位置を確認する

　天気概況や短期予報解説資料で実況把握の着目点を読みとる作業を終えたのなら、次は着目点がどこで発生しているのか、その位置を実況天気図で確認します。

　この点、天気概況や短期予報解説資料には、着目点の位置が「本州の南海上」とか「西日本を東進しています」などと記載されていますから、着目点で発生している気象現象を、いきなり衛星画像や気象レーダーで確認したくなるものです。しかし、すべての気象現象は気圧配置に基づいて発生しています。また、予報も気圧配置の変化を基準にして作成されていますから、予報の作成過程をイメージするためにも、実況上の着目点は可能な限り気圧配置と結び付けておかなければなりません。

　また、天気概況や短期予報解説資料は、気圧配置の動きを「東進してい

る」「北東に進んでいます」などと記載し、状態の変化を「発達しながら」、「弱まりながら」などと表現しています。そこで、過去にさかのぼって実況天気図に目を通し、過去から現在に至る気圧配置の変化を、いわゆる動く天気図として把握することも重要になってきます。現在の気圧配置の動向を単純に未来に延長しても、実際その通りの気圧配置になるとは限りませんが、過去からの気圧配置の動向を把握しておくことで、その延長線上にある未来の気圧配置（予想天気図）へのつながりを理解することも容易になり、予報の作成過程をイメージする段階でも、大変役立つ情報になります。

| 実況天気図 | ＝ | 空模様の見取り図 |

↓

必ず天気図上で位置・動向を確認

　この点、気象庁のホームページでは、過去から現在までの気圧配置を動画で表示する機能がありますから、気圧配置の動向を把握するための便利なツールとしてお勧めしておきたいと思います。

●実況天気図と動画機能（気象庁HP）

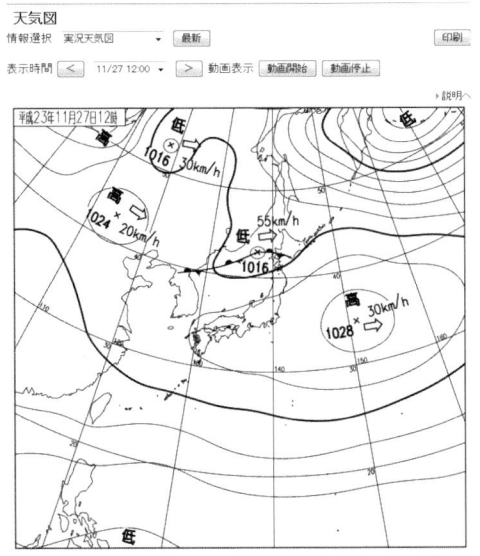

「実況天気図」は3時間おきに観測時刻の約2時間10分後、「実況天気図(アジア)」は6時間おきに観測時刻の約2時間30分後に発表しています。
「24時間予想図」と「48時間予想図」は12時間おきに発表しています。

5章 予報利用学の方法論1……実況把握編

7 衛星画像で空模様をイメージする

　実況天気図で実況上の着目点の位置や動向を確認したところで、気圧配置に対応する雲の様子を衛星画像から読みとります。

　実況天気図は空模様の地図あるいは見取り図ともいえますが、あくまで空模様の骨格にすぎませんから、天気概況や短期予報解説資料に「曇りや雨で、雷を伴って激しく降っている所もあります」とか「対流雲（いわゆる雷雲）が発達していて」などと書かれていても、実況天気図だけで着目点付近の空模様をイメージするのは困難です。そこで、実況天気図の表示時間に対応する衛星画像を使って、実況上の着目点に関係する雲を探し出し、骨格に肉付けをする必要があるわけです（仮に高気圧がポイントになるのであれば、対応する晴れのエリアを探すことになるでしょう）。

●気象衛星ひまわりの赤外画像と動画機能（気象庁HP）

このとき、低気圧は雲のエリア、高気圧は晴れのエリア、前線は雲の帯、はっきりと映っている雲は雨雲などと単純に画像を見てはいけません。画面上でははっきりと写っても雨とは無関係の上空の雲や、画面上不明瞭でも雨を降らせる背の低い雲などが、地上の気圧配置とは無関係に混在しているため、事実を曲解してしまうおそれがあるからです。私たちは予報官のように衛星画像を正確に読みとることができる目を持っていませんから、あくまで実況天気図と雲の位置を対応させることに専念して、実況上の着目点に対応する雲を探すにとどめるべきでしょう。

●実況天気図と衛星画像を対応させることの概念図

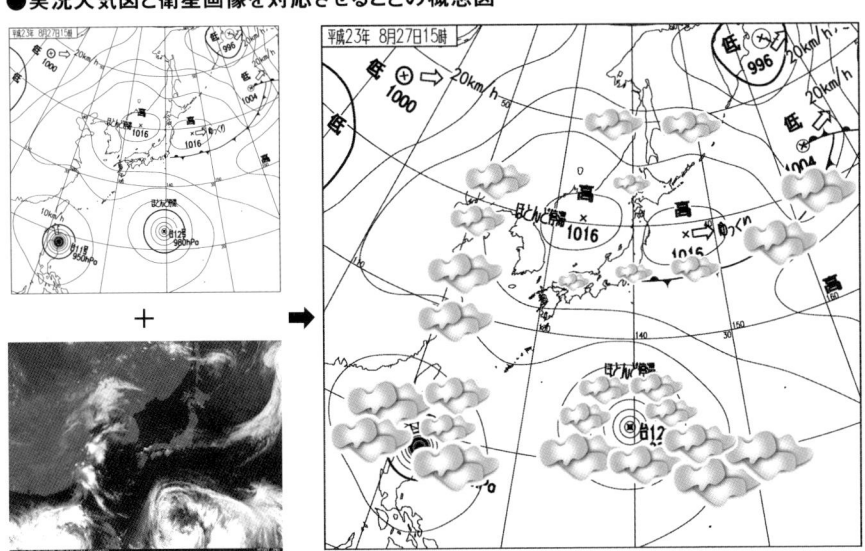

　また、多くの場合、実況天気図と同様、過去にさかのぼって動画表示をすることができるようになっていますから、時間が許す限り雲の動向を把握して、実況天気図の動画で把握した気圧配置の動向に肉付けをしておくとよいでしょう。

　なお、衛星画像には赤外画像をはじめ用途に応じて様々な種類の画像があります。詳細は後で説明しますが、ここでは夜間でも雲画像を撮影することができ、早朝の出港においても夜間にさかのぼって動画表示できる赤外画像を用います。

5章 予報利用学の方法論1……実況把握編

8 気象レーダーやアメダス等で雲の下を把握する

1. 雨のエリア

　衛星画像を使って実況天気図に雲の肉付けをしたとしても、どの雲が短期予報解説資料に「雷を伴い1時間40ミリ前後の降水を観測している」と記載されている雲なのかはわかりません。そこで、雲の下の雨のエリアを探すために気象レーダーを使います。

●気象レーダー画像と動画機能（気象庁HP）

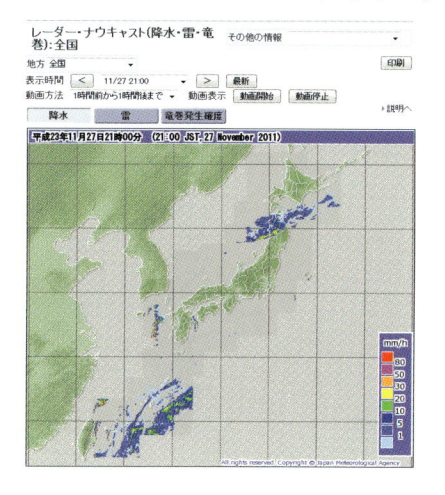

　天気概況や短期予報解説資料には、実況上の着目点に関して、「所々で雨が降っている」「雷を伴った強い雨が降っている」などと表現されている場合や、「活発なエコー（レーダー画像）がある」などと、気象レーダーによる観測状況がそのまま雨の降り方として記載されている場合があります。そこで、衛星画像で把握した雲の中から雨を降らせる雲を識別すると同時に、天気概況等に記載されている雨の降り方も確認します。

　気象レーダーの画像も、通常過去にさかのぼって5分ごとに動画で表示することができますから、雨のエリアの動き、発達や衰退などの動向も、衛星画像で把握した雲の動向と対応させながら把握したいところです。夏場の雷雲など、ほんの数分で発達したり消滅したりする雨雲もありますから、気象レーダーを使う場合は特に動画で表示するよう心がけていただきたいと思います。

●雲の様子と雨の様子を対応させることの概念図

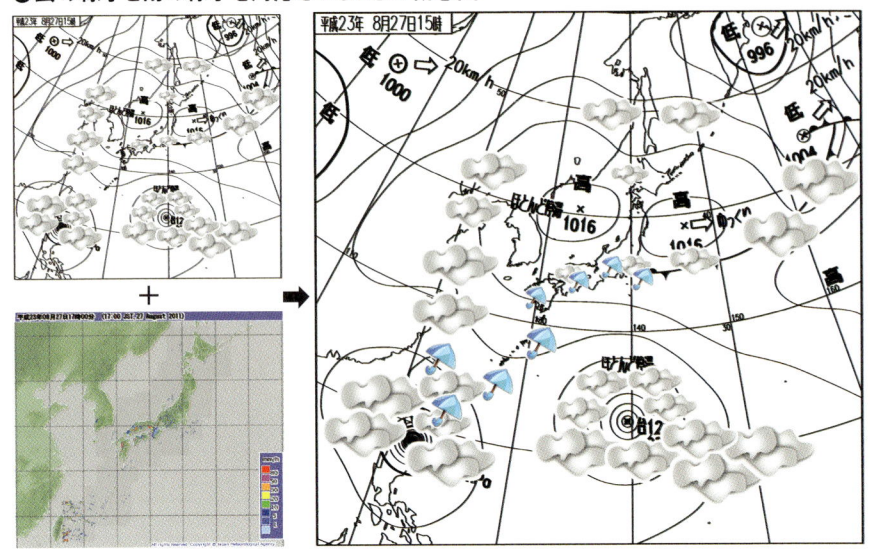

　なお、雨の分布を調べる手段として、解析雨量とかレーダーアメダス合成画像などと呼ばれる情報があります。これは、気象レーダーの画像を、アメダスで実際に観測された降水量で修正し、雨の分布をより確からしいものにしたものです。通常、気象レーダーの画像より広範囲に雨の分布が表示されることになりますが、計算の関係上30分単位で発表されるため、短時間の雨の変化をとらえることができません。したがって、予報利用学の実況把握においては原則として使いません。

2. 風の分布

　航海において最も気になるのが風の様子ですが、予報利用学においては、アメダスの風向風速の観測値と海上保安庁の気象情報を利用して、実況の風の様子を把握します。

●気象レーダー画像と動画機能
　（気象庁HP）

風の実況把握においても雲や雨と同様、天気概況や短期予報解説資料を利用したいところですが、着目点として風の様子が記載されるのは、強風注意報が発表されるような強風の場合（およそ12m/s以上）だけです。このため、実況把握に予報官の着目点を利用するためには、別の資料を参考にする必要があります。そこで、沿岸波浪実況図という専門的な天気図と実況天気図を併用して、風と気圧配置の関係を把握して、この関係自体を着目点として風の様子を把握します。

●実況天気図と沿岸波浪実況図を併用することの概念図

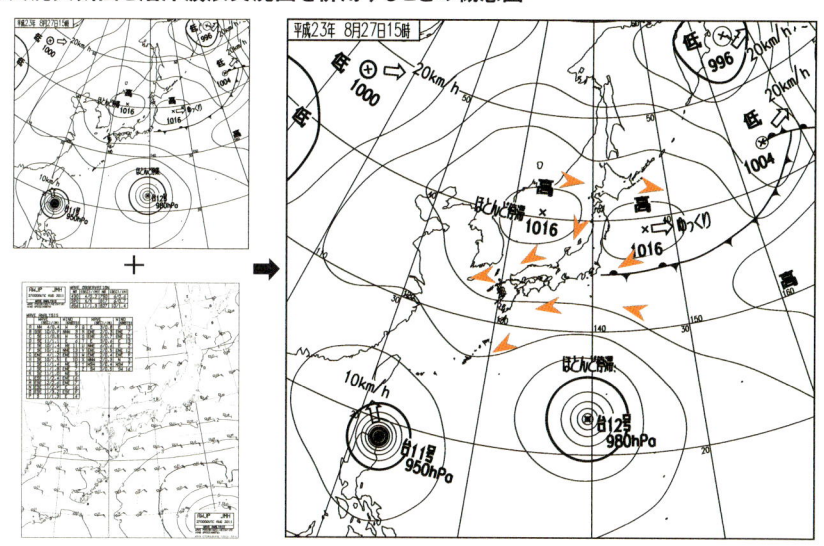

　もっとも、3時間ごとに発表される実況天気図とは異なり、沿岸波浪実況図は1日2回（09時、21時）しか発表されていませんから、沿岸波浪実況図から読みとった風の様子を実況天気図の時間に合わせて修正する必要があります。この点、実況の気圧配置については、すでに動画を使って過去からの動向として把握しているはずですから、これに照らして気圧配置と風の関係を考えれば、修正作業もそれほど難しいと感じることはないでしょう。

　続いて、気圧配置と風の関係を着目点にして、アメダスの風向風速の観測値から直近の風の様子を把握します。ただ、いきなり近隣数県のアメダスの風向を見ると、先に把握した気圧配置と風の関係とは全く異なる（観測地点毎

67

にばらついた)風の様子に面食らうことが多いはずです。というのも、アメダスの観測地点は防風林の内側や山や建物の近くなど、地形の影響を受けやすい場所に設置されていることが多いので、特に風が弱い場合には、地点ごとの観測値がばらついてしまうからです。また、沿岸部では気圧配置に起因して吹く「場の風」よりも、海と陸の温度差によって吹く局地的な「海陸風」(海風や陸風)＝「頭上の風」が支配的ですから、穏やかな朝の沿岸部のアメダスでは、十中八九陸から海へと吹く陸風が観測されてしまうことになります。

そこで、まずは全国のアメダスの観測値を巨視的に観察し、直近の気圧配置と風の関係(場の風)が着目点通りになっていることを、大ざっぱに確認し、先に把握した気圧配置と雲や雨の関係に直近の風の様子も加えて、着目すべき気象現象の全体像を把握します。

● 全国的な「場の風」の読みとり方と気圧配置との関係

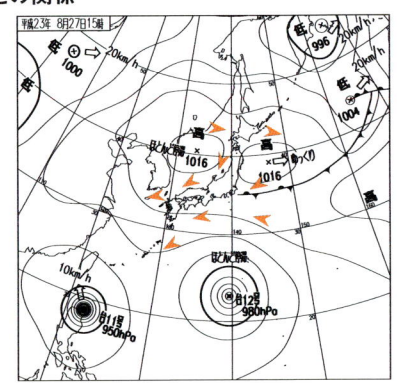

● 海陸風(頭上の風)の読みとり方

続いて、周辺の沿岸部の「頭上の風」にも目を向け、「場の風」が強く、広範囲の風と同傾向であることが確認されれば風の実況把握を終了しますが、あきらかに海陸風や局地的な原因に起因する風が支配しているようであれば、さらに海岸線に沿った風向風速の「傾向」を読みとることになります。

「頭上の風」の「傾向」を読みとる際は、個々の観測値に拘泥せず、陸から海へ、あるいは海から陸へ吹く風の傾向を大ざっぱにイメージすることが大切です。できれば、地形を思い浮かべながら、岬や山を迂回したり、風向や風速の異なる風が収束する様子を立体的にイメージするよう努めます。

以上の作業によって、広い範囲の風（気圧配置に伴う空気の流れ）と局地的な風（局地的な原因に伴う小規模な空気の流れ）を併せて把握することができますが、とにかく細かい観測値にこだわりすぎないことが秘訣です。

そして最後は、海上保安庁の気象現況を使って把握した風の様子を修正をします。前述のように、内陸に設置されているアメダスは海上の風を正確に反映していないのに対して、海上保安庁の観測地点は、吹きさらしの灯台で観測されているため地形の影響を受けにくく、海上の風向風速を比較的正確にとらえています。そこで、海上保安庁の気象現況を使って、アメダスで把握した沿岸部の風の様子を修正するわけですが、多くの場合、アメダスで把握した風速を強めるという修正になるでしょう。

●**海上の風を反映する灯台の観測器
　新潟県鳥ケ首岬灯台**

●**海上保安庁 沿岸域情報提供システム（MICS）**

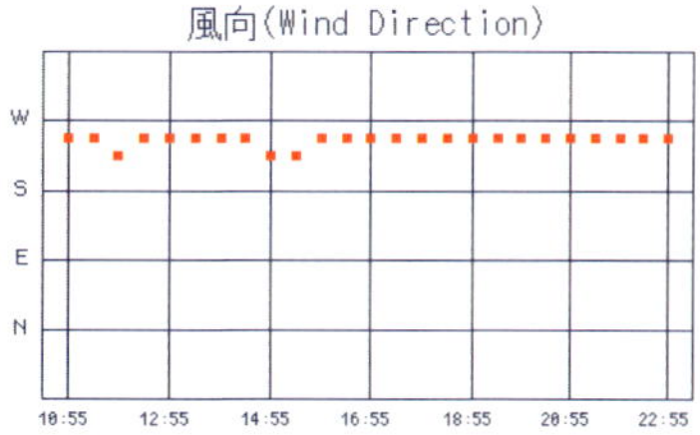

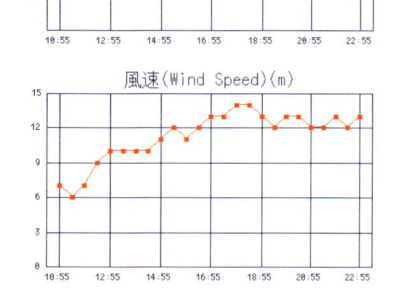

以上で、強風時に支配的な風となる「場の風」と、微風時の「頭上の風」を把握することができますが、これらの作業には、少々慣れを要するかもしれません。しかし、予報利用学のスタートラインとしての実況把握だけではなく、以上の作業によって具体的な帆走プランを立てることも可能です。例えば、予定コースが書き込まれている海図に、把握した風向を矢印で書き込み、地形と風の関係を考えておけば、出港後数時間については、どこでタックを返すべきかを想定しておくことができます。また、陸風が海風に変化するとしても、あらかじめ風向が180度変化することが想定できますから、突然の風向変化にも戸惑わずに済むはずです。さらに、安定した晴天が数日続くのであれば、翌日も前日と同様の風が吹く可能性が高いと考えられるので、前日に予定コースの風の様子を把握しておくことで、翌日の風向を簡単に想定することもできるのです。

このように、アメダスを使った風の実況把握は非常に応用が利きますから、インターネットで天気予報をチェックする際には、普段からアメダスの画面を開いて、風の様子を把握する練習をしておくことを強くお勧めしておきます。

3.波の分布

実況把握の最後は波ですが、一言で波といっても、海面が風に押されてできる「風浪」と、発達した風浪が風の吹いていない海域まで伝播したり風が急に弱まったときに残る「うねり」があります。もっとも、両者は別々に存在しているわけではありませんから、ここでは両者をあわせた「波浪」の様子を把握することになります。

風と同様、天気概況には、波が防災上問題となるほど高い場合や、台風に先行してうねりが高くなっている場合にしか実況上の着目点として記載されません。そこで、波についても実況天気図と沿岸波浪実況図を併用して気圧配置と波の関係を着目すべき点として利用することになります。

沿岸波浪実況図には、等波高線と、白抜きの矢印と数字で波向(波がやってくる方向)と周期が記載されています。沿岸の波を把握するための目安として使うだけですから、気圧配置や風との関係で、どのあたりの波が高いのか、どの方向から波が寄せてくるのかということを大ざっぱに読みとることができればよいでしょう。また、短期予報解説資料に掲載されている特に波の高いエリアの位置も確認しておきます。

●実況天気図と沿岸波浪実況図を併用することの概念図

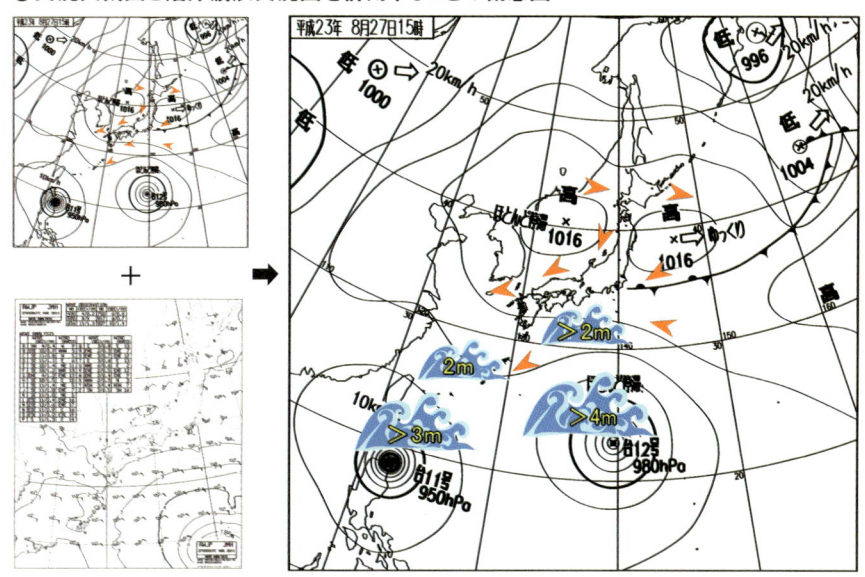

　その上で、海上保安庁の気象現況を使って、周辺海域の直近の波高を確認します。観測地点は多くありませんが、航海上の目印になる代表的な灯台に、絶妙な間隔で設置されていますから、周辺2カ所の波高を確認すれば航海予定海域の波の様子を十分に把握できると思います。

●海上保安庁 沿岸域情報提供システム（MICS）

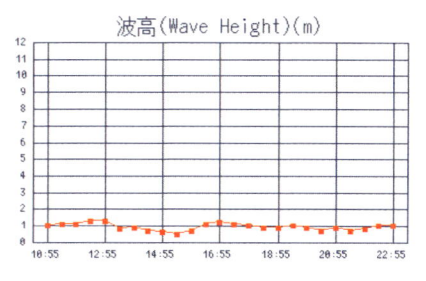

また、波高を確認する際は、必ず時系列で表示して、波高の変化傾向も確認しましょう。波が高まりつつあるのか、それとも収まりつつあるのかという情報は出港判断の重要な資料になるからです。

そして、先に読みとっておいた広範囲の波の様子と対応させます。周辺海域の波高が、広いエリアの波高と比較して例外的に高いのか、それとも低いのか、高波を引き起こす気圧配置（低気圧や台風、前線など）の動向と、時系列的な波高の変化は整合的か、矛盾するのかなど、航海の安全上重要な様々な情報が読みとれるはずです。

ところで、実況把握と体感が最も異なるのが波高です。

私自身、波高を観測している灯台を通過するたびにテレホンサービスで波高を聞き、観測値と体感的な波高を一致させようと意識してきましたが、明らかに波高の高い場合は別として、今でも満足な実況把握ができるとは言い切れません。しかし、予想もしていなかった高波に出くわさないためにも、灯台を通過するたびに、観測値と体感的な波高を一致させるよう努力することが大切だと思います。

5章 予報利用学の方法論1……実況把握編

9 実況を一言でまとめてみる

以上でインターネットを使った実況の把握は終わりですが、実況把握の最後には、簡単な言葉で把握した内容をまとめてみることをお勧めします。

例えば、「日本海から東北にかけて前線が停滞していて、秋田県を中心にやや強い雨が降っている。この前線、昨夜からゆっくりと南下している。前線の南側では東北南部まで曇りだけれど、関東より西では晴れている。前線付近の風は南西の風で、10m/s以上の強い風は吹いておらず、強まる傾向もない。波は秋田県付近で2メートル前後だけど他は特に高いところはなく、高まる傾向もない。」というように、まずは広い範囲の実況について、天気概況記載の実況上の着目点から、気圧配置、天気、風、波の順番で、把握し

た内容を声に出してつぶやいてみるわけです。

　そして、航海を予定している海域の実況について、船と技量を考慮しつつ、「以上の結果から、本日航海予定の能登半島・佐渡島間の現在の天気は晴れ、風は全域で南西3〜4m/s、波は1.5m程度で富山湾内は1m以下。出港時点で、天気、風、波ともに航海に支障はない」などと宣言します。

　このように、一連の実況把握を一言でまとめるのは、個々の気象要素として把握した実況を、有機一体の空模様としてイメージするためです。また、実況把握のミスを防止するという意味でも、一言でまとめることは大変重要です。

　声に出すことなどバカバカしいと思われるかもしれませんが、グライダーなどのスカイスポーツの現場では、フライト前にメンバーが集まって、把握した実況を全員の前で発表することが行われています。漂流することすら許されず、即墜落のおそれがある航空機の世界において、誤った実況判断は目前の死を意味するからです。私たちがそこまでする必要があるとは思いませんが、せめて一言でつぶやくことくらいは励行してもよいのではないでしょうか。

5章　予報利用学の方法論1……実況把握編

10　最後はデッキに出て……

　実況把握の最後は、必ずデッキに出て自分の目で頭上の空模様を把握することで締めくくりましょう。頭の中には様々な気象情報に裏打ちされた広範囲の空模様がイメージされているはずですから、予備知識を持たずに空を見上げるのとは明らかに異なった視点で空を見上げることができるはずです。

　例えば、西の空に雲が多ければ、実況天気図でチェックした前線が西から接近しているためではないか……そうだとしたらイメージより早く雨が降るかもしれない、などと考えることができるでしょう。

　また、気象レーダーでは雨雲が観察されなかったにもかかわらず小粒の雨

が降っているようであれば、気象レーダーの観測の限界を知ることができ、それによって気象情報によってイメージした空模様を修正することもできます。

さらに、深い湾の奥に、時折強い風が吹き込んでくるようなら、風向を頬で感じとり、実況天気図で見た低気圧に起因する場の風なのか、アメダスでチェックした頭上の風なのか、今後の風向について思いを巡らせることもできるでしょう。

頼りにならない私たちの目も、様々な気象情報を使うことによって、見違えるほどの実力を備えることができます。北前船の船頭が港の日和山に登り、地元の日和見から助言を受けながら水平線を眺めている姿を想像してみてください。

6章
予報利用学の方法論2
……予報把握編

6章 予報利用学の方法論2……予報把握編

1 予報の把握をするために

　ここからは予報の作成過程をイメージするための方法論の説明に入りますが、その前にもう一度だけ予報利用学の内容をおさらいしておきましょう。

　クルージングの不安を取り除くためには、「天気を読み誤らない能力」を高める必要があるわけですが、予報官のように豊富な知識や経験を持たない私たちにとって「天気を読む」ということは「天気の確からしさを把握すること」を意味するということでした。また、「天気の確からしさを把握すること」とは、待ち合わせ中の友人が伝えてきた到着予定時間の確からしさを考える場合と同様、予報官の天気予報の作成過程をイメージし、予報官が迷ったであろう「天気予報の別のシナリオを想定する」ことでした。そして、以上の考え方に基づいて、具体的に「天気予報の別のシナリオを想定する」ための方法論を予報利用学と呼ぶことにしたわけです。

　したがって、これから説明する予報の作成過程をイメージするための方法論は、「天気予報の別のシナリオを想定する」ための前提ということになりますが、予報の作成過程を考える以上、予報官がどのような方法で天気予報を作っているのか、あらかじめ天気予報の作り方を知っておく必要があります。そこで、まずは天気予報のレシピから説明していきたいと思います。

予報の作成過程をイメージする ➡ 天気予報の別のシナリオを想定する
天気予報の作り方（レシピ）

　ただ、天気予報の作り方を説明するというと、かなり高度なことを覚えなくてはならないと心配される方もおられることでしょう。

　しかし、私たちは自ら予報を作成するのではなく、すでに作成された予報の作成過程をイメージするために予報の作り方を勉強するわけですから、高度な方法や知識まで勉強する必要はありません。

料理人としての修行をしていなくても、研究熱心な美食家なら料理評論家になれるように、私たちも天気予報の美食家になることを目的としているのですから、予報作成の修行をする必要はないのです。

6章 予報利用学の方法論2……予報把握編

2 天気予報の作り方……数値予報とは

　それでは、天気予報の作り方の説明に入りますが、まずは天気予報を作る上で中心となる資料（道具）の説明からはじめることにしましょう。オーブンが何かを知らない人にオーブン料理の説明をするのなら、レシピの説明より前にオーブンの説明をしておいたほうよいのと同じです。

1. 天気予報の主役は数値予報

　最近の天気予報は、スーパーコンピューターの計算値によって作られていることをご存じの方は多いと思います。テレビの天気予報番組で見かける雨のエリアのアニメはスーパーコンピューターの計算値ですから、計算値自体も天気予報のメニューの一つとしてすでに認知されているといってよいでしょう。

　もっとも、多くの方は、過去に蓄積された大量の観測値をコンピューターにたたき込むことでデータベースを作成し、最も類似した空模様を算出するという統計的な手法をイメージされていると思います。実は、気象予報士になる前の私もそのように考えていましたし、気象講習会に参加された受講生の方々の多くも同様に考えておられました。

　しかし、実際はもっと驚くような方法で未来の空模様が計算されています。簡単に言えば、コンピューターに全世界の観測値を入力して仮想の地球を作り、これをスーパーコンピューターならではの処理能力で高速に自転させ、未来の空模様を計算しているのです。

全世界の観測値 ➡ 現在の仮想地球 ➡ 未来の仮想地球 ➡ 天気予報
　　　　　　　　　　スーパーコンピューター　　　　　予報官

単に天気といっても、それは風（大気の運動）や気温・気圧（大気の状態）、水蒸気量などの物理的な要素で構成されていますから、それぞれの要素の状態は、理科の授業で習ったボイルの法則をはじめとする物理の数式で書き表すことができます。

そこで、観測した現在の天気を物理量として数式にたたき込み、その方程式を解くことで、未来の大気の運動や状態を計算することができるわけです。

このような方法で作成された予報を数値予報といいます。数値予報では仮想地球の大気を地上から上空まで多くの格子に分解し、その格子ごとに大気の運動や状態を計算するという方法がとられています。

したがって、この格子を小さくして計算すればするほど、より小さな気象現象まで精度よく計算することができるわけですが、格子を小さくするほど格子の数が増えますから、計算量も膨大になります。そこで、計算能力の高いスーパーコンピューターが用いられているというわけです。

●数値予報の格子の概念図（気象庁HP）

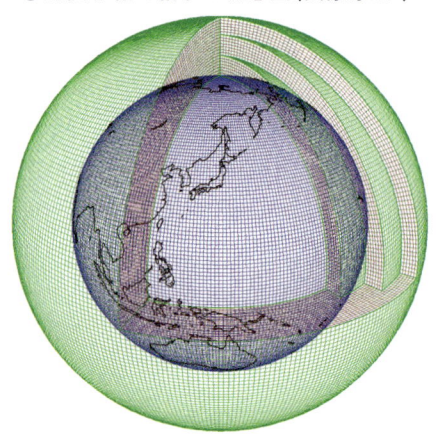

気象庁の数値予報は、驚くなかれ昭和34年から導入されていますから、その歴史は50年を越えており、いまでは数値予報が予報作成の中核を担っています。したがって、私たちが天気予報の作成過程をイメージするにあたっても、予報官と同様、数値予報の計算値を中心的な資料（道具）として使う必要があります。

2. 数値予報の限界

予報利用学では私たちも数値予報を使うわけですから、もう少し数値予報について説明しておきましょう。

数値予報の進歩とともに天気予報の精度が上がって、今では電話番号や郵便番号で地域を選択することができるピンポイント予報まで発表されるようになっていますが、スーパーコンピュー

ターといえども万能ではありません。予測したくとも数値予報では計算できない現象や、数値予報では精度が極端に落ちてしまう現象があるのです。

天気予報の対象には様々なスケールの気象現象がありますが、そのすべてを数値予報で予測することは困難です。というのも、実用化されているシミュレーションプログラムの格子の間隔は最も小さいもので5キロメートルですが、格子間隔の約5倍程度の大きさの気象現象が予測の限界といわれているからです。

●数値予報によって計算された
　台風と降水の様子

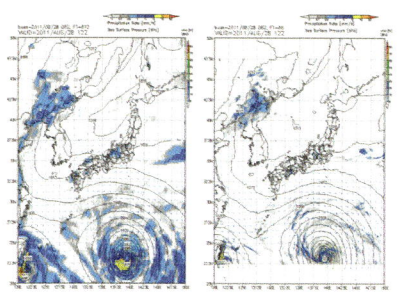

したがって、格子間隔よりはるかに大きい数千キロのスケールを持つ低気圧や高気圧の動向は比較的高い精度で予測できますが、スケールが数キロから数十キロしかない夏の雷雲は、最も格子の小さなプログラムを使っても、十分に予測しきれません。ましてや、極めて狭いエリアで吹く局地的な風や、竜巻などについては計算不可能といってよいでしょう。

そのほかにも、梅雨前線や非常にゆっくりと進む低気圧など、変化の速度が遅い気象現象は、新しい観測値を入力して計算をするたびに、計算結果が大きく変化してしまうという問題があります。したがって、これらの現象については必要に応じた修正や補正なくして数値予報をそのまま予報として使うことはできないのです。

テレビで見る雨のエリアのアニメーションを、そのまま予報にできるなら、予報官も気象予報士も不要です。しかし、気象学に基づいた修正・補正が必要である以上、一定の知識をもった人間の介在が必要になるというわけです。

| 数値予報の限界 | ＝ | 気象現象のスケールの限界 / 初期値（観測値）とプログラムの限界 | ➡ | 人による修正・補正 |

ここ数年、多くの方から「風や波の変化をグラフィックで表示できるサイトを教えてほしい」という質問を受けますが、その使用目的を聞くと、ほとんどの方から「一目で天気変化を把握できるから」という返事が返ってきます。このよ

うな方の多くは、テレビで見かけた数値予報のアニメーションを、わかりやすいという理由のみで予報の代わりに使おうと考えておられるようですが、そのような行為がどれだけ危険か、おわかりいただけると思います。

ところで、ある日の短期予報解説資料には、こんなことが書かれていました。「モデルを基本とするが、北海道では風に合わせ波の立ち上がりを早める」（モデルとは数値予報のためのシミュレーションプログラムのこと）。このとき、数値予報の波のアニメだけを見て出港判断した方は、予想よりずっと早く高まり始めた波に驚かれたかもしれません。

3.数値予報を使うということ

数値予報が天気予報の中核を担うといっても修正や補正が必要である以上、まだまだ主役は人間です。また、数値予報を修正・補正するためには数値予報の弱点やクセなどを熟知している必要がありますから、計算結果を継続して検討しているか、チームとして数値予報を使い続けている予報官や気象予報士でなければ、修正や補正も簡単にできるものではありません。ときには、修正・補正をするつもりで改悪してしまうおそれさえあります。

ですから、私たちが数値予報を使って予報を組み立てようとしても、適切な数値予報の修正などできるはずがありません。つまり、(使いものになる)予報を作るという目的のために、私たちが数値予報を使うことはできないということです。

もっとも、予報を作るためではなく、予報を理解するための資料として数値予報を用いるのであれば話は別です。実際、テレビの天気予報でも、予報をよりわかりやすく解説するという趣旨で数値予報のアニメーションが多用されています。

数値予報を使うということ　≠　予報を作ること
　　　　　　　　　　　　　＝　予報を理解すること

予報利用学では数値予報を使った天気予報の解説を一歩前進させて、予報の作成過程をイメージするために数値予報を使います。具体的には数値予報と府県天気予報を比較して、予報官が数値予報を修正したのか、修正していたとしたらどのように修正したのか、そしてどのように予報に反映させたのか、ということを読みとるということです。あたかも間違い探しのように、

二つの情報の異なる部分を探すだけですから、数値予報を熟知している必要はありませんし、難しい気象学を勉強する必要もありません。そして間違い探しの結果、修正点を探し出すことができたのならば、それこそが予報官に修正の有無について迷いを生じさせた場面を見つけたことになり、予報がはずれた場合の天気のシナリオを想定する手掛かりになるのです。

6章 予報利用学の方法論2……予報把握編

3 天気予報の作り方

　数値予報（道具）の説明はこのくらいにして、具体的な予報作成方法（レシピ）の説明に入りましょう。

1. 観測とデータ収集

　予報は、現在の空模様が将来どのように変化するのかを予測するものですから、スタートラインとなる現在の空模様は可能な限り正確かつ詳細に観察する必要があります。なぜなら、予報の精度を上げるためには、スーパーコンピューターの中にある仮想地球の表面を、できる限りリアルに作り込む必要があるからです。

　そこで、気象庁は日本全国に気象台を設置するとともに、アメダス、レーダーをはじめとする様々な観測装置を設置して、地上から上空にわたって可能な限り多くの観測データを収集しています。

●アメダス

しかし、日本の観測データだけでは仮想の地球を作ることができません。そこで、海外の気象機関と協定し、世界標準時の0時と12時、すなわち日本時間の9時と21時に全世界の気象機関が一斉に観測を行い、データの交換を行っています。また、観測地点の少ない海上については、船舶や航空機、さらには気象衛星も使って、膨大なデータを収集しています。

2.情報の整理

データをたくさん集めても整理しなければ何の利用価値もないのはどの世界でもいえることですが、スーパーコンピューターの中にある仮想地球の表面を作り上げるためにもデータの整理が必要です。

観測地点は陸上、それも先進国や大都市圏に集中していますから、まずは空間的なばらつきを整理しなくてはなりません。また、観測値の中には機器の故障などによる異常データも含まれていますから、品質のばらつきも整理しなくてはなりません。さらに、人工衛星やレーダーのデータは、赤外線や電磁波などを観測したものですから、他の観測データと一緒に扱うためには、気温や水蒸気の量など大気の状態を示す形に変換する必要があります。

そして、得られた多くのデータは、一つの大気の状態を異なる方法で観測したものといえますから、データ全体を物理法則に基づいて矛盾なく結び付ける必要もあります。

このように、不均質で性格の異なるデータを整理し、結びつけながら仮想地球表面の格子点に割り振っていく作業を、データ同化といいます。

3.予測資料の作成と配信

《予測資料の作成》

仮想地球が完成したら、それを高速で自転させ、未来の地球の空模様をシミュレーションします。

シミュレーションには、通常の予報（短期予報）、週間予報、台風予報、一カ月予報などの長期予報、そして、防災用の詳細な予報など、用途に応じた複数のプログラムが使われています。

また、スーパーコンピューターが何台もあるわけではありませんから、プログラム毎に計算量と必要性に応じた計算回数や計算日時が決められていて、通常の予報は一日に数回、長期予報なら一週間や数カ月に一回というようにスケジュールが組まれています。

そして、計算結果は、プリントアウトのできる天気図（数値予報の天気図）や、パソコン上に表示できるように可視

化処理され、予測資料として予報官の目に触れることになります。

なお、数値予報の計算結果は降水量や気圧など、物理的な量として計算されますから、そのままでは予報を組み立てるのが大変です。そこで、計算結果を統計的に処理し、人が空をイメージするときの晴れ・くもり・雨・雪などの情報に翻訳した「天気予報ガイダンス」と呼ばれる資料も作成されます。

●プリント用の数値予報の天気図

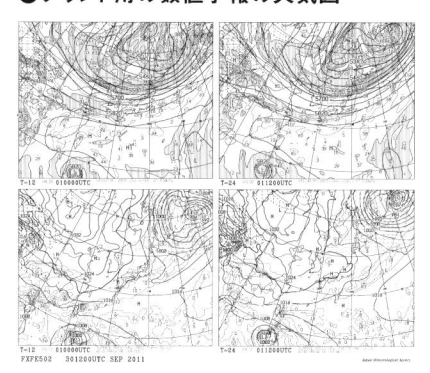

《予測資料の配信》

以上の段階を経た後、気象庁は作成した生の計算結果や数値予報の天気図を、気象業務支援センターという機関を通じ、有料で民間気象会社に配信しています。

独自予報を発表して気象庁と対立することもある民間気象会社が、なぜ気象庁からデータを購入するのか疑問に思われるかもしれませんが、世界の観測値を収集したり、高額かつ管理が難しいスーパーコンピューターを維持するのは、気象庁以外にできないからです。

民間気象会社は、気象庁から配信された数値予報の計算結果を再計算して独自予報を作成します。元をたどればどの会社も同じ計算値を使っていることになるわけですが、独自予報が気象庁の予報と異なるのは、再計算の方法もさることながら、先に説明した数値予報の修正や補正の違いが大きな要因になっています。つまり、民間気象会社の独自予報は、予報官が迷った「天気予報の別のシナリオ」の一つといっても過言ではありません、したがって、予報利用学では民間気象会社の独自予報も参考にします。

民間気象会社への配信 ➡ 独自予報 ＝ 天気予報の別のシナリオ
民間気象会社による修正・補正、再計算

余談になりますが、競争が激化している民間気象会社では自社サイトへの集客を目的に、購入した数値予報の天気図や、アニメーション化した計算結果を無料で公開し始めています。インターネットが普及するまでは、船舶向けの気象FAXや高額のFAXサービスを利用する以外に私たちが数値予報の計算結果を手に入れる方法はありませんでした。当時を思うと隔世の感がありますが、インターネットの普及と民間気象会社の競争こそが、予報利用学という考え方を生むきっかけになったといえます。

4. 予報の組み立て
《臨機応変が原則》

　さて、数値予報の計算結果が出揃ったところで、いよいよ予報官が予報を組み立てるわけですが、その方法は予報実務のどの本を読んでも「観測データや数値予報を総合的に判断して予報を組み立てる」としか書かれていません。また、教科書の多くは春夏秋冬の代表的な天気パターンごとの事例集といえるものばかりです。かつて一緒に仕事をさせていただいた元予報官の方々に予報の組み立て方について教えを請うたときも、返事には必ず「これは私のやり方だけど」という前置きが付けられていました。

　どうやら、予報の組み立てには決まった方法など存在せず、気象状況に合わせて臨機応変に総合的な判断をすることが原則になっているようです。確かに、差し迫って防災上優先して検討すべき事項があれば、それに時間を集中するのは当然ですし、明らかに検討を要しない事項があれば読み流す天気図もあることでしょう。もっとも、総合的に判断するといっても、予報の作成過程をイメージする方法の説明になりませんから、私が事例集を読み比べる中で、最大公約数と感じた予報の作成過程について説明したいと思います。

《予報のための実況把握》

　予報の作成にあたって、予報官はいきなり数値予報を見て予報の作成に取り掛かるということはしません。すでに説明したように数値予報には限界がありますから、その修正の要否を判断するために、まずは基準となる実況を把握する必要があります。

　また、多くの数値予報を漫然と眺めながら予報を作成していると、防災上注意すべき事項を見落としてしまうおそれがあります。そこで、防災上重要な着目点を実況の中から探し出し、予報を作成する上で重点的に解析をするために、予報作成前の実況把握は欠かせないものになっています。

```
実況把握  →  予報の作成
     ‖
数値予報修正の基準を把握
実況上の着目点を探す
```

《数値予報の修正》

　スーパーコンピューターといえども計算や出力にある程度の時間がかかりますから、予報官の手元に届く頃には、もはや過去の空模様となっている数値予報も存在します。そこで過去のものとなった数値予報と、先に把握した実況を比較することで、修正の必要性や数値予報の採否を判断します。

```
数値予報の修正
     ‖
  位置と量の修正
(低気圧・高気圧　雨域・波高・風速)
```

　例えば、実況天気図上の低気圧や降水域が数値予報の低気圧や降水域の位置まで到達していないならば、原因を考察した上で数値予報上のそれらの動きを遅らせるように修正をすることになります。

《数値予報の補正》

　数値予報では計算できないスケールの小さな現象が予想される場合には、実況や過去の調査結果、さらには経験に基づいて計算結果の補正をする必要があります。

```
数値予報の補正
     ‖
  計算できない現象
(雷雨・竜巻・局地風)
```

　特に夏場の雷雨（夕立）などは、前日との比較や数値予報の風や湿り気など、降水量以外の要素も総合的に解析して予報に反映するよう補正をすることになります。

《予報文の作成》

　数値予報の修正・補正が終了したら、予報官はいよいよ府県天気予報の予報文の作成に取りかかります。

　アジア全体から日本付近、最寄りの地域、さらには上空から地上付近まで、過去・現在・未来にわたって空模様を立体的にイメージし、先に説明した天気予報ガイダンスなども用いながら、管轄区域の空模様の変化を具体的にイメージします。

　そして、頭の中に未来の空模様を組み立て終わったところで、「雨のエリアをどこで線引きしようか」、「弱い雨も降りそうだけど、一時という表現にするべきか、時々という表現にするべきか」などと悩みつつ、予報用語の定義にしたがって予報文として文字化します。

　そして、定型的な府県天気予報を解説、補足するために、一般人向けには天気概況を作成し、民間気象会社な

どの気象事業者向けには短期予報解説資料を作成します。

```
広域の空模様 → 日本の空模様 → 周辺の空模様 → 予報文の作成
                                              天気概況の作成
                                              短期予報解説
                                              資料の作成
```

《予報の配信》

完成した府県天気予報や天気概況は東京大手町の気象庁にいったん集められ、数値予報の計算結果と同様、気象業務支援センターを経由して民間気象会社や放送局に配信されることになります。

●天気予報の作り方

```
① 観測とデータ収集 → ② 情報の管理
                        ↓
    ③ 予測資料の作成……シミュレーション計算
            ↓                ↓
    ④ 予測の組み立て      ④ 予測資料の配信
      実況把握
      数値予報の修正・補正
      予報文の作成
            ↓
    ⑤ 予報の配信
```

6章　予報利用学の方法論2……予報把握編

4 予報の作成過程をイメージする方法……模範解答を読む

1. 予報の作成過程をイメージするということ

予報官は、数値予報の生データや、数値予報に基づいて作成された専門の天気図を解析し、過去のデータや経験上不合理と考えられる場合には、数値予報や専門の天気図に修正を加え、未来の空模様をイメージします。そして、イメージした未来の空模様を文字化して府県天気予報を作成し、府県天気

予報を作成するにあたって着目した点や補足したい事項を、気象事業者向けに短期予報解説資料としてまとめ、一般人向けに天気概況としてまとめます。

すでに説明したことを簡単にまとめただけですが、このような予報の作成過程を私たちがイメージするためには、予報官とまったく同じ方法で、数値予報や専門の天気図を使って未来の空模様をイメージしてみるのが一番です。また、そうすることで、予報官が府県天気予報を作成する際に、どこで悩み、迷ったかということも疑似体験することができ、予報として発表されなかった別のシナリオも簡単に想定することができるはずです。

しかし、いくらインターネットが普及したからといっても、予報官とまったく同じ情報を入手することは困難ですし、気象学の知識も経験も乏しい私たちが、予報官と同様の解析をすることなどできるはずがありません。

もっとも現在では、ほんの十数年前まで民間の気象会社が予報作成のために使っていた情報のほぼ全部を無料で手に入れることができます。また、このような数値予報を天気概況や短期予報解説資料を参考にしつつ機械的に解析することで、予報官の予報作成過程の大筋をたどることができます。さらに、解析によってイメージした未来の空模様と府県天気予報を見比べることで、予報の作成過程で数値予報の大きな修正がなされたことや、厳しい判断の分かれ道が存在していたことを読みとることも可能です。

私たちが一番おそれるのは、予報が大きくはずれて想定外の荒天になることですから、予想に反して晴れ間がでなかったとか、予想より雨の降る時間帯が短めだったなどという微々たる予報のズレは問題になりません。数値予報の大きな修正や、判断の誤りが大きく天気に影響するような厳しい判断の分かれ道の存在さえ発見できればそれで十分といえるはずです。

ここからは、予報の作成過程をイメージする方法の説明に入りますが、まずは府県天気予報や天気概況、そして短期予報解説資料の読み方を説明し、続いてインターネットで入手できる数値予報や専門の天気図から、機械的に未来の空模様をイメージする方法を説明します。

2. 天気マークの予報で天気傾向を把握する

《天気マークの予報をチェックする理由》

予報の作成過程をイメージするための基本となる「予報」が「府県天気予

報」であることはすでに説明しました。そして、府県天気予報をあたかも模範解答のように眺めながら予報の作成過程をイメージする必要性もご理解いただいていると思います。そうすると、真っ先に府県天気予報を読むべきだと思われるかもしれませんが、予報利用学では天気マークの予報、それも全国の天気マークの予報をチェックすることから始めなければなりません。なぜなら、証明問題の解答の最後の一行だけを模範解答として読んでもその役割を果たさないのと同様、府県天気予報だけでは予報利用学の模範解答としての役割を果たしてくれないからです。少々わかりにくいと思いますから、予報官が予報を作成するときの思考過程を例に説明することにしましょう。

予報官が府県天気予報を作成するときは、まず数値予報を解析してアジア全域などの広い範囲の空模様を思い浮かべ、さらに日本全体そして「○○県△△地方」にズームした空模様をイメージし、予報文として文字化します。しかし、府県天気予報の対象は極めて狭い地域ですから、広範囲のイメージからいきなり地域の空模様を詳細に文字化するのは困難です。そこで予報官は頭の中であらかじめ全国の天気をエリア分けし、大ざっぱな空模様の分布をイメージしてから予報文を作成することになります。

●予報官がイメージする天気分布の概念図

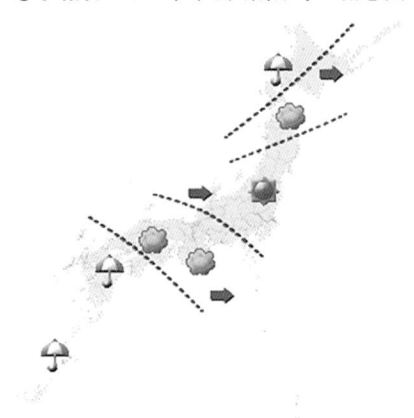

このとき、府県天気予報の対象地域がエリア分けした天気分布の真ん中にあたるなら比較的簡単に予報文を作成することになりますが、分布の境界にあたる場合には、対象地域がどちらのエリアの天気分布に属するのか、境界線はどのような速度で、どの方向に変化していくのか、隣接エリアからの影響はないのか、ということに頭を悩ませながら予報文を作成することになります。

このような思考過程で予報官は予報文を作成するわけですが、数値予報からどのような空模様をイメージするのか、何を根拠に天気分布のエリア分けをするのか、最寄りの地域の天気分布

をどう考えるのか、どうやって天気分布を予報文として文字化するのか、という一連の思考の流れは、数値予報という問題に対して予報文という最終解答を求める証明問題の、解法への「すじ道」にたとえることができます。

翻って、予報の作成過程をイメージしなくてはならない私たちに与えられている問題も予報官と同様、数値予報から予報文を導き出すという証明問題といえます。したがって、私たちがこの証明問題を解くためには、まず模範解答である予報文を読む（カンニングする）

必要がありますが、さらに証明問題である以上、最終解答である予報文を導く一連の思考過程（すじ道）も知っておく必要があります。中でも、予報官が頭の中でエリア分けした天気分布は、思考過程の中核として欠かせないといえますが、私たちが予報官の頭の中を見ることは不可能です。そこで、予報官が頭の中でエリア分けした天気分布に代えて、全国の予報官が作成した予報の集大成である天気マークの予報をエリア分けして、それに代える必要があるわけです。

数値予報からイメージした空模様 ➡ 予報官がイメージした天気分布 ➡ 予報文
　　　　　　　　　　　　　　　　　‖
　　　　　　　　　　　　　エリア分けした天気マークの予報

《天気マークの予報をエリア分けする》

では、具体的に天気マークの予報を天気分布としてエリア分けする方法に話を進めましょう。天気マークの予報では、予報期間中天気変化がほとんどない場合を除いて、二種類の天気マークを並べて、天気変化の形態を「のち」「一時」「時々」のいずれかで区別しています。

●「のち」「時々・一時」を表現する
　天気マークの例

「のち」　　「時々・一時」

「のち」「一時」「時々」それぞれに定義があることはすでに説明しましたが、ここでは定義を無視して大ざっぱに、「のち」は天気の大きな変化がある場合、「一時」は左側のマークがベースになって少しだけ右側のマークの影響がありそうな場合、「時々」はさらに右側のマークの影響が強そうな場合とだけ考えて作業を進めます（「時々」と「一時」は程度の差ですから、どちらも右側のマークの影響が予想される場合と覚えていただいても構いません）。

では、全国の天気マークの予報を

見てください(マークの数が多く、地図がデフォルメされていない気象庁のホームページをおすすめします)。どうしても、最寄りの地域の天気マークに目が向いてしまうものですが、すべての天気マークを平等に眺めてみましょう。

まず、二つ並んだ天気マークの左側だけに注目して、同じマークをグルーピングしてみてください。天気マークが一つだけのグループがある場合も、それを一つのグループとしてグルーピングします。

● 天気マークの予報を左側のマークでグルーピングする

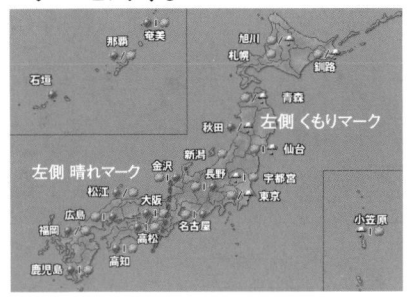

このとき、グルーピングしたエリアの中に異なるマークがいくつか混じっても構いませんから、細かくエリア分けしようとこだわらず、エリア分けの線が蛇行しないことを優先します。なぜなら、天気の変化は県単位で変化するものではありませんし、地形にも影響されます。また、最寄りの地域から離れている天気分布のエリア分けにこだわってもあまり意味がないからです。

この作業によって、日本全体が二つないし三つ、どんなに多くても五つ程度のエリアにグルーピングすることができるはずです。西高東低の冬型の気圧配置のときなどは、日本海側と太平洋側の二つのエリアにグルーピングすることが多いでしょうし、天気がめまぐるしく変化する春や秋にはグルーピングする数が多くなるでしょう。

テレビの天気予報番組でキャスターが天気マークの予報を使って説明をするときは、頭の中でこのようなエリア分けをして、雨や雪などの悪天の地域から順に解説するのが一般的です。自分でエリア分けしたあとテレビの天気予報を見て、キャスターと同じエリア分けになっているなら、エリア分けに慣れてきた証拠です。

● グルーピングした天気分布のパターン例

さて、次は右側のマークに注目して、先にグルーピングしたエリアの中を右側のマークでさらにグルーピングします。このとき、必ずしもエリア分けができるとは限りません。また、一カ所だけ異なるマークがあっても、一カ所のマークだけが周囲と異なることを覚えておくにとどめ、左側のマークに着目したときと同様、エリア分けの線が蛇行しないことを優先します。

●天気マークの予報をさらに右側のマークでグルーピングする

右側の天気マークに注目してグルーピングするときは、左側の天気マークに注目したときより狭い範囲をグルーピングするわけですから、どのようにグルーピングすべきか悩む場合が必ず出てきます。そのような場合には、関東・中部・近畿など数県単位で天気マークが表示されている予報を参考にして判断します。

●数県単位の天気マークの予報で細かな天気分布を考える

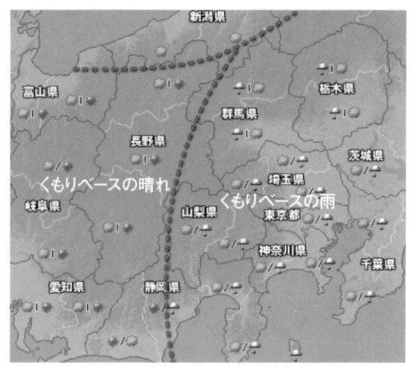

このとき、全国の予報にはなかった天気マークがいきなり登場することもあるはずです。しかし、全国的に見れば限られた地域の天気分布にすぎませんから、それが地域の大部分を占めているような場合や最寄りの地域である場合にのみ、新たに登場したマークを参考にして慎重に線引きをすればよいでしょう。

そして、「のち」のエリアだけをさらにグルーピングします。

●「のち」のエリアをグルーピングする

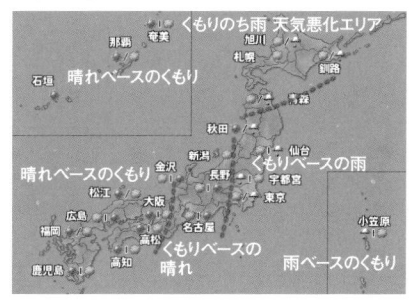

「のち」のエリアは他のエリアと異なり、予報期間中に天気が大きく変化する場所ですから、「一時」や「時々」とは異なり、左右いずれの天気マークも対等です。「のち」の前後で全体のエリア分けそのものが変化する場合といえますから、これをグルーピングしておく必要があるわけです。また、「のち」のエリアの天気変化は悪化する場合と好転する場合に分けられますから、悪化するエリアにあたる場合には、隣のエリアに影響する可能性もあることを想定しておきましょう。

最後は、エリア分け全体をながめて、左側の天気マークをベースになる天気と考えて、「晴れベースのくもりエリア」「くもりベースの晴れエリア」「くもりのち晴れの天気変化エリア」などとエリアに名前をつけて、全体の天気分布を把握します。実際は、画面上に線を引くことができませんから、全国の天気分布を概観し、名前をつけることで、頭の中に天気変化のイメージを作るわけです。

《天気分布から予報文をイメージする》

エリア分けした天気マークの予報は、数値予報から予報文という解答を導き出すという証明問題の「すじ道」を理解するための資料です。したがって、これを使って予報文が作成されるまでの「すじ道」を考えねばなりません。そこで、エリア分けした天気マークの予報から、最寄りの地域の予報文の内容を、予報官になったつもりで考えてみます。

最寄りの地域がエリアの中心にある場合は、ひとつのマークであろうと「一時」「時々」のマークであろうと、そのまま文章にするだけですから比較的簡単です。

では、エリアの境界付近に位置する場合はどうでしょうか。両方のエリアの天気をミックスしたような予報文になっていることが想像できますが、仮に隣のエリアが「のち」のエリアだった場合はどうでしょう。境界線を引いたのですから、「のち」のエリアの天気変化は本来影響してこないはずです。しかし予報官は、最寄りの地域の中でも隣のエリアに近い場所では少なからず影響があることを想定して、「所により」という表現で隣のエリアの影響を予報文に反映しているかもしれません。

また、最寄りのエリアが「のち」のエリアにあたるなら、予報官は何時頃に天気が変化すると考えているのか、「のち」のタイミングを考えてみましょう。すでに実況を把握してあるはずですから、過去の天気の動向がそのまま継続したと仮定して、「のち」のタイミングを

「朝」「昼前」「昼過ぎ」など、予報文の定義にしたがって3時間ごとに分けて想像してみるわけです。仮に、自分の予想と予報文が異なっていたら、予報官は地形の特性や数値予報に基づいて実況の動向がそのまま継続しないという判断をしたかもしれません。

このように、予報文の内容を想像する過程は、そのまま予報官が予報文を作った「すじ道」をたどることを意味します。予報官といえども予報文を作成するときには、先にイメージした天気分布を思い浮かべながら「雨のエリアは○○半島を越えないだろう」「○○山脈を越えて雲のエリアは広がらないに違いない」などと非常に人間的な判断をします。地形の影響や数値予報の特性などを考慮する専門的な知識の程度は大きく異なっても、予報文を導くための「すじ道」の基本は、私たちの思考過程と大きく異なるものではありません。

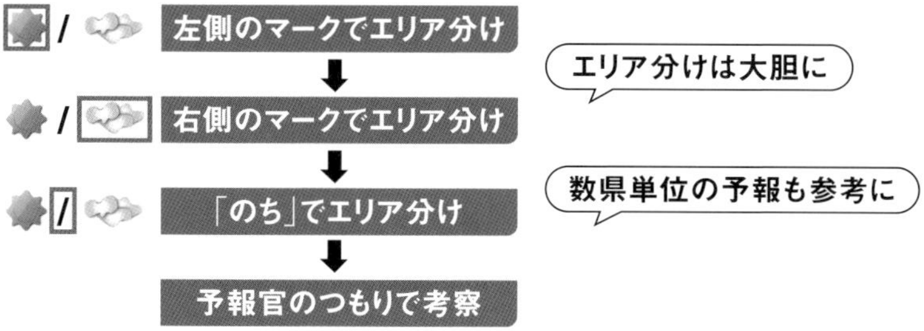

左側のマークでエリア分け
右側のマークでエリア分け
「のち」でエリア分け
予報官のつもりで考察
エリア分けは大胆に
数県単位の予報も参考に

《もう一歩前へ》

実は、天気マークの予報を使う理由はこれだけにとどまりません。予報利用学では、予報として採用されなかった天気のシナリオを、予報がはずれた場合のシナリオと考えますが、この採用されなかったシナリオを想定するためにも天気マークの予報は非常に有効なツールになるのです。

例えば、近畿地方全体に太陽マークが並んでいるものの、紀伊半島南部にだけ傘マークがある場合で考えてみましょう。

●天気予報の別のシナリオを考えるための例

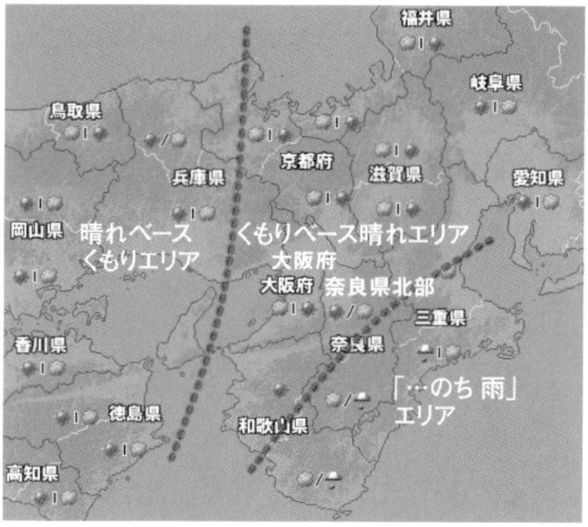

福井県
岐阜県
鳥取県
京都府
兵庫県
滋賀県
愛知県
岡山県
晴れベース
くもりエリア
くもりベース晴れエリア
大阪府
奈良県北部
大阪府
三重県
香川県
奈良県
「…のち 雨」
エリア
徳島県
和歌山県
高知県

近畿地方のほぼ中央にある大阪府は晴れのエリアの真ん中にあたりますが、紀伊半島南部の雨のエリアがかかっている奈良県は晴れのエリアの南の端にあたります。

このとき、大阪府の予報官は晴れの予報を出すにあたって、紀伊半島南部の雨の大阪府への影響についてあまり悩まずに予報を作ることができたと想像できます。

では、奈良県北部の予報文を作成した予報官はどうだったでしょうか。奈良県北部のマークは「晴れ のち くもり」ですから、次第に雲が厚くなると考えていたことが想像できますが、同時に奈良県南部の雨の影響は北部に及ばないという消極的な判断をしたことも考えられるはずです。さらに、想像力を豊かにすれば、奈良県南部の雨（傘マーク）が紀伊半島の山を越えて奈良県北部に及ぶのか及ばないのかのかという判断に迷ったあげく、マークは「のち くもり」にしておいて、予報文に「所によって雨」と書くことで雨の可能性を伝えようとしたことも想像できます。

このように、天気マークを単純にエリア分けするだけで、予報官の判断の内容とその難しさの程度を推測することができます。さらに、予報がはずれた場合には、予報官が排除した奈良県北部に雨が降るというシナリオになる可能性が高いことも想像することができます。もちろん、これだけで予報がはずれた場合のシナリオを断定することはできませんが、天気マークの予報だけでここまで多くのことを読みとることができるのです。また、ここまで考えた上で予報文を読むのなら予報文の行間を読むことも可能になります。

慣れないうちは難しいかもしれませんが、予報官の気持ちになって考えるという予報利用学の原点がここにありますから、最寄りの地域が天気分布の境界にある場合には、ぜひとも予報官の気持ちになることに挑戦していただきたいと思います。

天気マークの予報を見る ⇒ 府県天気予報作成のすじ道を考える
採用されなかった天気のシナリオを考える

3. 府県天気予報を読む

《予報文の読み方概説》

解答への「すじ道」を理解したところで、いよいよ模範解答である府県天気予報の予報文を読みますが、すでに説明したとおり、予報文に使われてい

る用語はすべて厳格に定義されています。したがって、読むというよりは解読するという表現が正しいかもしれません。簡単な用語の定義についてはすでにご紹介しましたから、ここでは予報利用学にしたがった予報文の読み方を説明していきましょう。

なお、私たちは一日の間に一定の距離を航海しますから、場合によっては、いくつかの予報の対象地域(先にご紹介した府県天気予報の一次細分区域)を移動することになります。通過する地域の予報文にはすべて目を通すことを忘れないでください。

● 府県天気予報の一例

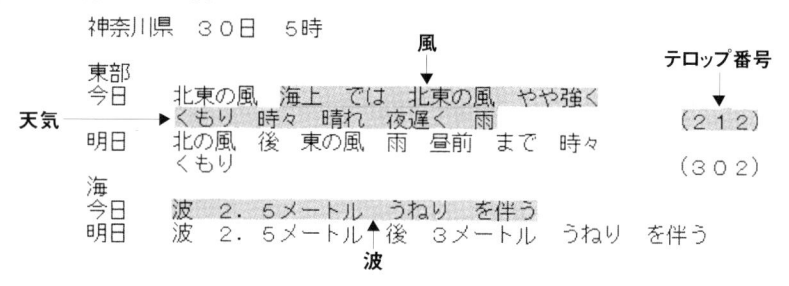

```
神奈川県　30日　5時
　　　　東部
　　　　今日　北東の風　海上　では　北東の風　やや強く　　　（212）
天気→　　　　くもり　時々　晴れ　夜遅く　雨
　　　　明日　北の風　後　東の風　雨　昼前　まで　時々　　（302）
　　　　　　　くもり
　　　　海
　　　　今日　波　2.5メートル　うねり　を伴う
　　　　明日　波　2.5メートル　後　3メートル　うねり　を伴う
```

（風は「海上　では　北東の風　やや強く」を指す。波は「波　2.5メートル」を指す。テロップ番号は（212）（302）。）

さて、予報文は大きく分けて風、天気、波の順に構成されていますが、予報利用学では冒頭の風ではなく、天気の部分から読み始めます。なぜなら、天気マークの予報によって把握した天気分布のイメージを真っ先に予報文と関係付けることで、風、波も含めた空模様全体を天気に関連付けて把握することができるからです。天気が悪化傾向のときは風や波も連動して悪化することが多いものですが、反対に風や波が悪化するからといって天気が悪化するとは限りません。つまり、天気を中心に読み進めることで風や波の変化もまとめて把握できるからです。

府県天気予報の読み方
天気 ➡ 風 ➡ 波

《天気の予報文を読む》

　天気マークの予報では一日の天気変化を、たった二つの天気マークの組み合わせで、「のち」「時々・一時」の2種類の傾向として表現しているだけですから（時々と一時を分け3種類で表示する場合もありますが）、いつ頃から天気が変化するのかという天気変化の具体的なタイミングを読みとることができません。また、短時間に局地的に発生する夕立や、通常の天気に付加して発生する雷や霧などの現象もマークとして表現がされません。

そこで、予報文を読むにあたっては、天気マークの予報で把握した天気分布とその変化が、予報文においてどのように具体化されているかを確認するとともに、天気マークの予報では表現されていない現象も読みとることに注意を払う必要があります。

この点、予報文は単純な文字情報ですから、用語の定義さえ覚えておけば読み方の説明など不要だと思われるかもしれません。しかし、予報の対象期間にどのような天気が登場するのか、登場した天気はどのようなタイミングで変化するのか、という簡単に思える事柄であっても、予報官の意図するところを忠実に読みとることは案外難しい場合があるのです。

例えば、「晴れ のち くもり 昼過ぎから時々雨」という予報文を読んで、どのような天気マークをイメージされるでしょうか。たぶん「晴れ のち くもり」、「晴れ 時々 雨」、「晴れ のち 雨」のうち、どのマークを選択すべきか悩まれたと思います。

●「晴れ のちくもり 昼過ぎから時々雨」の マークは？

「のち」 ? 「時々」 ? 「のち」

予報官は、府県天気予報に対応して表示すべき天気マークを、予報文の末尾にテロップ番号という3ケタの番号で指定します。そこで、予報文を読んでテロップ番号に対応する天気マークを言い当てることができれば、予報官が意図した天気変化を正しく読みとったことになりますが、この予報文に基づいて実際に指定された天気マークは「晴れ のち 雨」でした。したがって、「晴れ のち 雨」のマークが一応正解ということになりますが、正確にいえば上記3つの天気マークはいずれも不正解なのです。というのも、この予報文に付記されていたテロップ番号が113だったからです。テロップ番号113の意味は「晴れ のち 時々雨」。予報官の頭の中では、予報期間の前半は晴れで、後半が時々雨という天気変化をイメージしていたわけですから、多くの方が想像された3パターンの天気変化が意味する空模様とは微妙に異なります。テロップ番号113は規定上「晴れ のち 雨」のテロップ番号114と同じマークを表示すると定められているので、たまたま「晴れ のち 雨」が正解になったにすぎないのです。

府県天気予報の予報文は比較的短い文章ですが、無意識に読んでいると幼い頃から親しんできた「のち」「一時」という表現にどうしても引っ張られてしまいます。また、用語集の定義にしたがって忠実に読みとろうと努力すればする

ほど混乱をきたして、予報官が伝えようとした空模様とはかけ離れた空模様をイメージしてしまうおそれもあります。

では、どうすれば予報文を忠実に読むことができるのでしょうか。残念ながら私の知る限り即効的な方法はありません。しかし、このような過ちを犯さないために私が励行しているのは、予報文の内容を噛み砕いて読むという方法です。「晴れ のち くもり 昼過ぎから時々雨」という予報文であれば、「朝、晴れからスタートして昼頃には曇りになる。だから午前中に雨はない。そして、お昼を過ぎたころから雨が降ったりやんだりの天気になる。時々という表現だから、最大午後の半分の時間帯は雨が降っていることになる」などと、子供に伝えるつもりで読み説くのです。

予報文を忠実に読むこと ＝ 予報官がイメージした空模様を読みとること → 予報文を噛み砕いて読む

この方法は、私が天気予報番組の原稿を書く仕事をしていた頃に実践していた方法なのですが、こうすることで予報文を無理に簡略化しようとして内容を曲解することを防止できますし、空模様の変化を時系列として把握することができます。また、予報文にしか書かれていない現象も素直に受け入れることができるため、予報官がイメージしていた空模様をとりこぼすことなく読みとることができるのです。

単純な方法ですが、放送の仕事中に何度も誤りに気付かされ、放送事故を未然に防ぐことができた方法です。ばかばかしいと思われるかもしれませんが、キャビンの中に他人はいませんから、慣れないうちは声に出して試していただきたいと思います。

《天気マークの予報と予報文を対応させる》

続いて風の予報を読み進めることになりますが、その前に天気マークの予報で把握しておいた天気分布と予報文を対応させ、解答への「すじ道」と模範解答を一体のものにしなければなりません。具体的には、天気マークの予報では表現されていない雷や霧などの現象や「所によって雨」などの局地的な現象を、先にイメージしておいた天気分布に組み込むとともに、天気変化のタイミングについて「昼前から昼過ぎ」「夜のはじめ頃」など、より具体化させるということです。また、慣れてきたら「非常に激しく」「強く」など、予報文にしか書かれていない雨の降り方についてもイメージ

に組み込むよう努めたいところです。

　この作業によって、天気マークの予報でイメージした大ざっぱな天気変化の様子が具体的になって、予報官の頭の中の空模様のイメージに近づいていくわけですが、このイメージこそが、数値予報から予報文を作る証明問題の模範解答といえます。

天気マークの予報から読みとった天気分布
＋
予報文から読みとった現象と天気変化

＝ 　数値予報チェックの模範解答

　その上で、時間の許す限り隣接した予報の対象地域（一次細分区域）の予報文に目を通します。そして、最寄りの地域の天気変化はどの地域の天気変化に近いのか、天気変化の順番はどうなっているのか、変化のタイミングは隣接地域とどのような関係になっているのかを読みとって、可能な限り空模様のイメージが動画になるよう努力します。

　抽象的でわかりにくいでしょうから、最寄りの地域の予報文に「夕方から雨」と記載されていた場合を例に説明しましょう。この予報に対して隣接地域の予報が「昼過ぎから雨」だった場合、隣接地域から雨が拡大または移動し、用語の定義にしたがえば隣接地域より3〜6時間遅れて雨が降り出すということが読みとれるはずです。また、最寄りの地域の雨は「夕方から」いきなり沸くように降りだす雨ではなく「昼過ぎ」に隣のエリアで降り出し、次第に最寄りのエリアに及んでくるというような雨域の動きもイメージすることができるはずです。もちろん、天気マークの予報でも「のち 雨」のマークが描かれている場合には、雨のエリアの動きをある程度イメージできますし、予報文と組み合わせることで最寄りのエリアの「のち」のタイミングも知ることができます。しかし、隣接する地域の予報文まで読むことで、同じ「のち 雨」のエリアの中でも、どの地域から先に雨が降り出すのか、降り出しのタイミングも含めた時系列的な変化を動画のようにイメージすることができるのです。

　この例の場合、最寄りの地域の予報官が、隣接地域の降り出しのタイミングである「昼過ぎ」にはまだ雨が降り出さない、という消極的な判断をしたといえますから、予報官に採用されなかった別のシナリオ（予報がはずれて天気が悪くなる場合のシナリオ）が、（早けれ

ば）「昼過ぎから雨」であることも想像できるはずです。天気マークの予報だけで別のシナリオを考える場合、今日雨が降るか降らないのかという大ざっぱなレベルで考えるしかありませんが、隣接地域の予報文を読むことによって、いつ頃降り出すかという時間のレベルで考えることができるようになるわけです。

隣接した一次細分区域の予報文を読む	＝	空模様のイメージを動画として把握する
		天気予報の別のシナリオを時間単位で想定する

なお、以上の作業を行う際に、府県天気予報は一定の広さをもった地域（一部細分区域）の「平均的な空模様」を予測したものだということを忘れてはなりません。というのも、隣接地域に近い場所では、最寄りの地域の予報文の天気変化より、隣接地域の予報文に近い天気変化をすることが考えられるからです。デジタル的に考えず、平面的・アナログ的に考えるのが秘訣です。

《風の予報文を読む》

風の予報文は、風向と風速の変化だけで表現されていますから、読み方自体は天気ほど難しくはありません。ただ、「東の風 海上では 後 南東の風 やや強く」などと、海上に特化したコメントが付記されていることがありますから、これを読み落とさないよう注意する必要があります。

また、風の予報文には「やや強く」「強く」「非常に強く」という風速に関する表現が使われていますが、これらの用語の定義はぜひとも覚えておきたいところです。というのも、「やや強く」は風速10m/s以上15m/s未満、「強く」は風速15m/s以上20m/s未満、「非常に強く」は風速20m/s以上の場合に用いることが定められているので、この表現だけで予想風速まで知ることができるからです。

余談ですが、私の知る方の中には、日本一周をするにあたり、予報文に「強く」と表現されたら機械的に出港しないと決めていた方がいらっしゃいました。のんびりしたセーリングだけを楽しみたいとお考えなら、予報文の風の予報を出港判断の一つの目安にされるのも、迷いが無くてよいかもしれません。

ところで、風については、矢印などで表示される天気マークの予報でグルーピングすることを説明しませんでした。というのも、強風の場合を除いて、気圧配置に起因する「場の風」よりも、海陸風や

地形など局地的な原因による「頭上の風」のほうが支配的なので、各地の予報がばらついて、広いエリアの風の予報をグルーピングすることが困難だからです。もっとも、強風の場合には「場の風」が支配的になりますから、予想に反して風が強まった場合を考えると、広いエリアの風の予報を把握しなくてもよいとはいえません。そこで、「頭上の風」を予報文から読みとるとともに、広いエリアの「場の風」をFXFE502（極東地上気圧・風・降水量・500hPa高度・渦度予想図）という専門の予想天気図を使って把握するという2段階の方法をとります。

● FXFE502

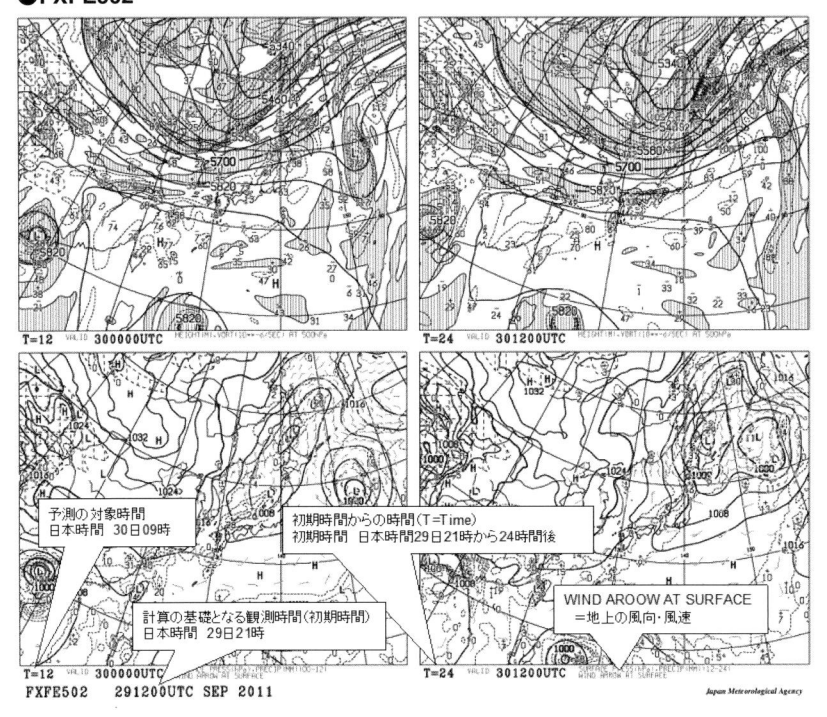

FXFE502の読み方については、数値予報や予想天気図の読み方の解説の中で詳しく説明しますから、ここでは予報文の読み方について説明を続けましょう。

さて、「頭上の風」が局地的な原因によってばらつくといっても、予報期間中に風向や風速が変化する場合には、隣接した地域から順に変化してくることが多いものです。例えば、神奈川県東部

と伊豆諸島北部（伊豆大島）のいずれの予報文にも「のち 南西の風 やや強く」と書かれているときは、多くの場合、伊豆大島の風が南西の強風に変化したあと、三浦半島、東京湾内の順に風が南西に変わり強まります。したがって、隣接地域の予報文を読み、風向と最寄りの地域との位置関係を考慮することで、周辺一帯で風が強まる傾向をイメージすることができます。

さらに、海上保安庁のテレホンサービスを使って、先に風が変化すると想定される地域の風をこまめにチェックしておけば、最寄りの地域で風が変化するタイミングを知ることができ、一足先にセールをリーフしておくなどの準備ができます。例えば、三浦半島の剱埼灯台の風をチェックしていれば、横浜沖で風が変化することをあらかじめ察知することができるわけです。

風予想図で「場の風」を把握する	⇒	予報文で「頭上の風」を把握する
＝		＝
強風時に「場の風」の風向になることが多い		隣接地域から順に変化することが多い

このとき、隣接地域の予報文に「○○の風 のち 強く」などと書かれ、風の強まりが予想されているにもかかわらず、最寄りの地域の予報にはそれが書かれていない場合には、特に注意を払う必要があります。予報を作るにあたって予報官が採用しなかった「のち 強く」という選択肢が、予報がはずれた場合のシナリオになる可能性があるからです。また、風の予報も地域の平均的な風の様子を予想したものですから、予定のコースが隣接した県や地域に近いならば、隣接地域の予報文に書かれている風の強まりや風向の変化の影響を受けることを想定しておく必要があるでしょう。

なお、読みとった風向や風速は、すでに実況の風の様子が書き込んである海図に加筆して、帆走のイメージ作りに役立てます。

予報文で「頭上の風」を把握する	⇒	隣接地域の予報文も読む

- 保安庁の気象現況で早めの対策が可能
- 隣接地域の風の影響を知る
- 風の予報の別のシナリオを想定する

ところで、春先の爆弾低気圧による強風などが、台風に勝るとも劣らない致命的なダメージを与えることはよく知られていますが、それ以外にも、内陸の気温上昇によって発生する局地的な低気圧に起因する、漁船が一目散に逃げ帰るような地域限定の強風なども存在します。ただ、これらの現象は天気予報に取り上げられにくいため、自分自身で察知しなければならないという厄介な面を持っています。また、天気予報のキャスターは春の嵐を前に「桜の花びらが舞い散る春爛漫の陽気になりそうです」などと、海上の厳しさとは裏腹のコメントをしていることがあります。

　したがって、私たちは細心の注意をもって、多くの気象情報の中から危険な強風のサインを見つけ出さなければなりません。しかし、誰にでも理解でき、必ず目を通す情報の中で、風について書かれているものは天気概況と府県天気予報だけですが、常時風について記載があるのは府県天気予報しかありません。したがって、府県天気予報が強風を察知する最後の砦といっても過言ではありませんから、たとえ出港を急いでいる場合でも、隣接地域も含めて、風の予報文だけは落ち着いて読むよう心がけてください。

　なお、私が把握する限り、津軽海峡（渡島・檜山地方）、神奈川県、沖縄県（本島中南部・本島北部・久米島）、大東島地方、宮古島地方、八重山地方（石垣島地方・与那国島地方）の予報文には、通常の予報文に加えて、海上の最大風速が記載されていますから、これらの地域を航海する場合には読み忘れることがないよう、プリントした一次細分区域の図などにメモをしておくとよいでしょう。

《波の予報文を読む》

　最後に波の予報文を読むことになりますが、「波2メートル　後　3メートル」などと波高が表示されるのみで、台風や発達した低気圧が接近している場合にのみ「うねりを伴う」と付記されるだけですから、特に注意する点はありません。

　もっとも風と同様、波の予想も水深や半島などの地形に影響されて地域ごとにばらつきます。そこで、沿岸波浪予想図という専門の天気図で「場の波」を把握するとともに、予報文から「最寄りの波」を読みとることになります。

● **沿岸波浪予想図**

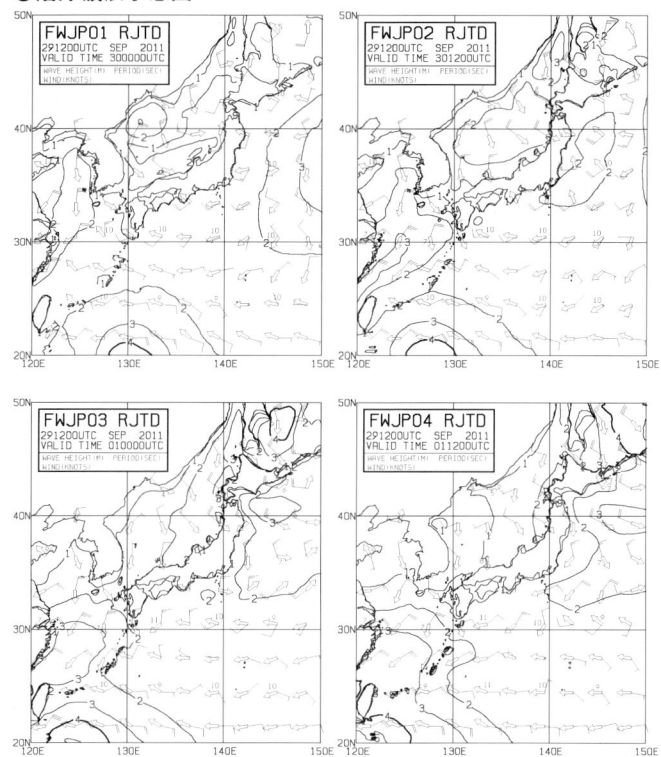

　沿岸波浪予想図の使い方については、「場の風」を把握するために用いるFXFE502と同様、数値予報や予想天気図の読み方の解説の中で詳しく説明します。

> 沿岸波浪予想図で「場の波」を把握する ➡ 予報文で「最寄りの波」を把握する
> 風の予報文と併せ読む

　波は風と密接に関係していますから、把握した波の様子は風の様子と併せて海図に書きこんでおくとよいでしょう。

《**予想気温・降水確率など**》

　府県天気予報の予報文には、予想気温や降水確率も記載されています。

　降水確率は、予報区内で1ミリ以上の雨の降る確率を10パーセント単位で発表するだけのものですから、それだけで雨の強さを読みとれるものではあり

ません。また、気温の高低だけでは、よほどのことがない限り遭難するわけがありませんから、予報利用学において降水確率と予想気温は、あくまで参考程度の情報として考えることになります。

確かに、降水確率が50パーセントを超えるようであればオイルスキンの出番がありそうだということは想像できますが、航海に危険をもたらす雨なのか、我慢を強いられる程度の雨なのかを判別することはできません。ですから、予報文に「雨」という文字を見たときに横目で数字を確認しておく程度でよいでしょう。

4. 天気概況と短期予報解説資料を読む

《天気概況と短期予報解説資料を読む理由》

さて、目を皿のようにして府県天気予報を読んだ後は、再び天気概況と短期予報解説資料に目を通します。

天気概況や短期予報解説資料には、予報に関しても予報官が着目した予想気圧配置や、それによって予想される空模様などが解説されていて、特に短期予報解説資料には、予報官が数値予報を修正するに至った理由や、予想上の着目点やその根拠、さらには大雨・強風・高波など、防災上の注意点まで記載されています。まさに予報官の思考過程を垣間見ることができる資料といえますから、天気マークの予報と府県天気予報から読みとった解答への「すじ道」と模範解答の内容をさらに充実させるための最強の資料として、目を通さないわけにはいきません。

また、実況把握と同様、私たちがいきなり数値予報や予想天気図を見たとしても、読みとるべきポイントを見落としてしまったり、誤った解釈をするおそれがありますから、数値予報や予想天気図を正しく利用するための道標としても、天気概況や短期予報解説資料を読む必要があるわけです。

| 自分で完全な実況把握をするのは困難 | ➡ | 予報者の実況把握を利用する |
| 自分で予想天気図を読むのは困難 | ➡ | 予報者の着目点を利用する |

《天気概況の読み方》

まずは、府県天気予報の内容を補足し、確認するための天気概況の読み方から説明しましょう。

例えば、府県天気予報の予報文に「所により 夕方から雨」と書かれていたとしましょう。これだけでは夕立のような一過性の雨なのか、まとまって長

時間続く雨の兆候なのかを判断することができません。また、「所により」とは具体的にどのあたりを指すのかもわかりません。しかし、府県天気予報に用いられる用語は厳格に規定されていますから、たとえにわか雨になりそうだとわかっていても「にわか雨」という用語を使うことはできません。また、山沿いで雨が降ると予想されても、それが用語集に記載された「山沿い」という用語の定義に当てはまらない限り「所により」という表現しか使うことができないのです。

　他方、天気概況は予報文ほど厳格ではなく、予報文には使えない用語も使えるので、予報文では伝えきれない現象を補足的に盛り込むことができます。実際、「くもり　昼前から晴れ」という予報文が発表されている場合でも、予報対象地域のごく一部でにわか雨が予想される場合には、「曇りで朝にかけて雨の降る所がありますが、昼前から晴れるでしょう」などと記載して、府県天気予報を補足するような運用がなされています。

　このように、天気概況は府県天気予報とセットになった情報といえますから、天気概況を読むにあたっては、予報文に書かれていない現象や、補足事項の記載に注意しなくてはなりません。

●天気概況の例

```
天気概況
平成23年11月27日16時39分　福岡管区気象台発表
福岡県では、27日まで空気の乾燥による火の取り扱いに注意して下さい
　九州北部地方は、晴れている所もありますが、気圧の谷の影響で概ね曇り
となっています。
　九州北部地方の27日夜は、高気圧に覆われて概ね晴れとなりますが、湿
った空気の流れ込みで曇りで雨の降る所があるでしょう。
　28日は、高気圧に覆われて概ね晴れますが、湿った空気の流れ込みで曇
りとなり雨の降る所があるでしょう。
　波の高さは、対馬海峡では、27日夜と28日は1メートルでしょう。九
州西海上では、27日夜と28日は1．5メートルでしょう。豊後水道では
27日夜は1メートル、28日は2メートルでしょう。
福岡県の内海では、27日夜と28日は0．5メートルでしょう。
```

　また、予報利用学においては、実況把握と同様、天気概況から数値予報や予想天気図を読むための着目点を読みとる必要があります。例えば天気概況に、「○○地方は、夜にかけて、気圧の谷や湿った空気の影響を受けるでしょう」と書かれていたら、気圧の谷（高気圧と高気圧の間で相対的に気圧は低いが、低気圧には至らない場所）が予想天気図上の着目点であることがわかりますし、湿った空気の様子を示す専門の天気図で、湿った空気の流れ込みの様子をチェックしたほうがよいということも知ることができます。

　また、しばしば天気予報番組で耳にする「上空の気圧の谷の影響で」という言葉も天気概況には頻繁に登場します。「上空の気圧の谷」は、通常の予想天気図（地上の気圧配置）から読みとることが困難な現象ですから、私たちが上空の気圧の谷の存在を文字で知ることができる唯一の資料が天気概況であるといえます。そして、上空の気圧

の谷は専門の天気図を使って確認する必要がありますから、そのきっかけを作ってくれるのも天気概況です。専門の天気図を簡単にチェックする方法はのちほど説明しますが、どのような天気図を使うべきか、という点にも注意して天気概況を読み進める必要があるわけです。

なお、実況把握と同様、最寄りの管区だけではなく、他の管区の天気概況を読むことで、多角的に着目点を把握することができますし、新たな着目点を補足することもできますから、時間が許す限り他の管区の天気概況にも目を通していただきたいと思います。

《短期予報解説資料の読み方》

さて、実況把握でもご紹介した短期予報解説資料ですが、予報に関する解説は「2．主要じょう乱の予想根拠と解説上の留意点」に詳細に記載されています。

● 短期予報解説資料の例

2．主要じょう乱の予想根拠と解説上の留意点
①15日から16日にかけて500hPa5820m付近のトラフが朝鮮半島付近から北日本に進む。日本付近のサブハイ勢力は東に移動するが、台湾付近でハイセルが明瞭化。このため、台風第15号は次第に速度を落とし、16日は沖縄付近でほぼ停滞する。沖縄近海の海水温は29℃前後あるので、台風は現在より発達する可能性がある。
②沖縄・奄美地方は台風の接近により16日にかけて、断続的に激しい雨が降る。16日は台風中心付近の最大風速は45KTで沖縄、奄美では非常に強い風が吹き、波は台風中心付近で6m。高波に警戒。西日本太平洋側ではうねりが入りしける所がある。
③紀伊半島から九州太平洋側には台風東側から北上する暖湿気が入り、16日には850hPa345K以上の暖湿気の流入が予想されている。東〜南東斜面を中心に1時間30〜40ミリの激しい雨が降り局地的には非常に激しい雨の降る可能性もある。
④北海道はトラフの接近、通過に伴い、前線上の波動が通過し16日昼前にかけて激しい雨のおそれがある。

3．数値予報資料解釈上の留意点
①最新のGSM基本。台風近傍の風は、台風予報に整合。②波浪：台風中心付近は6m。うねりが入る西日本太平洋側ではモデル並みまたは+0.5m。

4．防災関連事項[量的予報と根拠]
①大雨ポテンシャル（18時からの24時間：地点最大）：九州南部200ミリ、四国、近畿、東海150ミリ、北海道130ミリ、沖縄、奄美80〜100ミリ。2項の短時間強雨に留意。②波（明日まで）：沖縄、奄美6m、種子島・屋久島5m、西日本太平洋側4m。

5．全般気象情報発表の有無　17時頃に台風第15号の総合情報を発表する予定。

天気概況と同様に短期予報解説資料からも、府県天気予報を補足する事項や予報官が予報を作成するにあたって着目した点、着目した点から予想されると考えた気象現象を読みとります。

もっとも、実況の記載以上に聞いたこともない専門用語が多いですから拒絶反応を示す方も多いと思います。し

かし、わからない用語は飛ばして読んでも、得られる情報の多さは天気概況の比ではありません。飛ばし読みをするだけでも、数値予報や予想天気図を曲解することを防ぎ、チェックすべき情報に素早くアクセスすることができるようになりますから、予報についても普段から目を通して「読み飛ばす」ことに慣れることが大切です。

　また、私たちは予報を作成するのではなく、予報を正しく理解することを目的にしていますから、そのために必要な範囲で専門用語の意味を勉強しておけば、それほど難しく感じなくなるものです（気象講習会の受講生の方々の多くがそのように感じておられました）。例えば、多くの方が真っ先につまずくであろう「UTC」という時間の表現も、世界標準時のことで、日本時間に換算するには9時間を加算すればよい

ということを一度勉強しておけばつまずく理由にはなりません。また、頻繁に登場する「FT＝12」という表現も、数値予報の基準となる観測時間からの経過時間であることを知ってしまえば難しいと感じることはないでしょう（初期時間が00UTC＝日本時間09時であれば、FT＝12は初期時間から12時間後の21時を意味します）。さらに、「トラフ」という専門用語であっても、「上空の気圧の谷を意味していて、対応する地上付近では低気圧や気圧の谷が発達しやすく、注意すべき現象」と、噛み砕いて覚えておけば、それ以後は難しい用語ではなくなります。

　それでも疑心暗鬼の方もおられるでしょうから、予報利用学のために必要な専門用語の意味については、後の解説の中で適宜説明していきたいと思います。

6章　予報利用学の方法論2……予報把握編

5 予報の作成過程をイメージする方法……数値予報を読む

1．数値予報や予想天気図を読むということ

　ここまでは、府県天気予報や天気概況、そして短期予報解説資料を、予報官の予報作成過程をイメージするための模範解答として読み解く方法を説明し

たにすぎません。

ここからは、数値予報や専門の天気図から未来の空模様を読みとって、予報官の予報の作成過程を具体的にイメージするという予報利用学の根幹の作業の説明に入りますが、この作業は実況として把握した「雲のエリア」「雨のエリア」「風向や風速の分布」「波の様子」が将来どのように変化するのか、現在の空模様の行く先を考えることにほかなりません。したがって、すでに説明した、衛星画像や気象レーダーなどを使って現在の空模様をイメージする作業の延長線上の作業といえますが、未来の衛星画像や気象レーダーなどは存在しません。そこで、スーパーコンピューターの中にある未来の仮想地球から、「未来の雲のエリア」「未来の雨のエリア」「未来の風向や風速の分布」「未来の波の様子」を読みとるわけで、そのための道具が数値予報であり、数値予報に基づいて作成された専門の天気図だということになります。

実況把握でイメージした空模様 ➡ **予報からイメージした未来の空模様**

数値予報や数値予報に基づいて作られた予想天気図は、テレビなどで目にする通常の予想天気図とは異なり、複雑怪奇な模様のように見えますから、一目で敬遠したくなるかもしれません。実際、気象講習会などで数値予報の天気図を配布して、実際に未来の空模様をイメージしていただこうとすると、受講生の多くは一様に複雑な表情をされます。しかし、予報を作るためではなく、予報の作成過程をイメージすることに特化した使い方を説明すると、もっと早く数値予報の天気図の存在を知りたかったという感想を持たれる方が多いようです。ここからは、数値予報や数値予報に基づいて作られた専門の予想天気図が頻繁に登場しますが、食わず嫌いをせずにお付き合いいただきたいと思います。

なお、次章以下で数値予報や各天気図の詳しい使い方を説明しますから、ここでは、予報の作成過程をイメージするには、どのような天気図を用い、どのような方法によって、何を読みとるのか、という流れだけ理解していただければ十分です。

2.地上の気圧配置を把握する
……予想気圧配置を読む
――FSAS：アジア地上予想天気図――

《府県天気予報の挿絵》

数値予報の天気図を使って予報の

作成過程をイメージするといっても、まず目を通すのは一般的な地上予想天気図(アジア地上予想天気図)です。

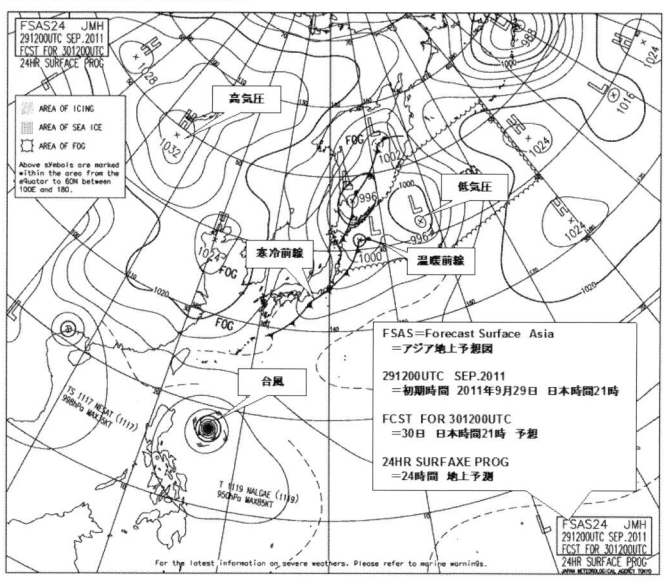

●アジア地上予想天気図

　お馴染みの地上予想天気図は、数値予報がはじき出した気圧配置を予報官が修正または吟味し、コンピューターでは計算することのできない前線を書き込んで作成した手造りの天気図ですから、未来の気圧配置の公式見解を描いた天気図といえます。そして、各地の気象台の予報官は、この天気図に示された気圧配置と矛盾のない天気分布をイメージして府県天気予報を作成するわけですから、地上予想天気図は府県天気予報と一体であり、いわば予報文の挿絵といえます。

　ですから、天気概況に解説されている予想気圧配置の着目点や、短期予報解説資料に掲載されている解説や解説図も、地上の気圧配置と整合がとれるように記載されています。本書では便宜上、予想天気図の節で解説をしていますが、実際は実況把握における実況天気図の使い方と同様、天気概況や短期予報解説資料、府県天気予報を読む際に、記載されている着目点を予想天気図上で確認し、模範解答を気圧配置として視覚化するために使うと考えていただいたほう

がよいでしょう。

　また、天気概況や短期予報解説資料が地上の気圧配置と整合がとれるよう記載されているということは、予報官が未来の空模様をイメージするにあたっても、すべての気象要素を地上予想天気図に結び付けて把握しているということにほかなりません。したがって予想の作成過程をイメージするにあたっても、数値予報から「未来の雲のエリア」「未来の雨のエリア」「未来の風向や風速の分布」「未来の波の様子」を読みとるたびに、地上予想天気図と対応させて把握する必要があります。

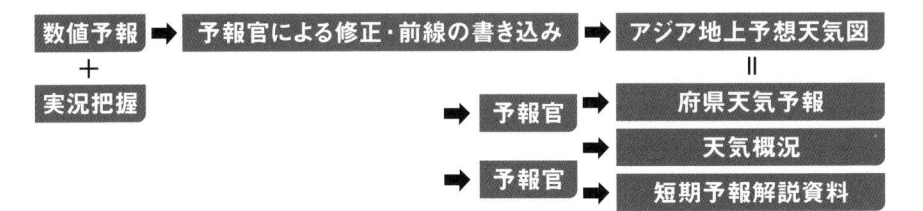

```
数値予報    ⇒  予報官による修正・前線の書き込み  ⇒  アジア地上予想天気図
  ＋                                                      ‖
実況把握                         ⇒ 予報官 ⇒       府県天気予報
                                        ⇒        天気概況
                                ⇒ 予報官 ⇒       短期予報解説資料
```

　なお、地上予想天気図をどうやって手に入れるのか、天気図を読む前に気をつけること、天気図の記号の意味など、予報利用学に必要な最小限度の使い方については、後でまとめて説明しますから、このまま読み方の説明に入りましょう。

《アジア地上予想天気図の読み方》

　「高気圧は晴れ」、「低気圧は雨」、「前線も雨」、という程度なら小学生でも知っています。また、船舶免許を取得されている方なら、「高気圧からは時計回りの風が吹きだしていて、高気圧の西〜南西の端は雲が多い」、「低気圧には反時計回りに風が吹き込み、広い範囲で比較的穏やかな雨が降る温暖前線と、突然の激しい雨や、風向の急変と強風のおそれがある寒冷前線を伴っていて、二つの前線にはさまれた低気圧南側の暖域では南西の風が吹いている」、ということも一度は勉強したことがあるはずです。一般的な気象学の教科書にも多かれ少なかれ同じようなことが書かれていますから、予想天気図をお見せすると、勉強をされている方ほど条件反射のようにこれらの知識を総動員して気圧配置から未来の天気分布を読みとろうとされます。

　しかし、予報利用学では、このような作業は原則として行いません。というのも、このような単純なパターンから天気分布を予想しても、実際の天気が（使えるレベルで）その通りになることはまずありえないからです。また、予報官

はこんな単純な方法で予報を作成してはいませんから、予報の作成過程をイメージする上で何の役にも立たないからです。

ところで、出港直前に最新の地上予想天気図を見た場合、それは何時の気圧配置を表示しているのかご存じでしょうか。講習会で受講生の方々に問いかけてみると、半数近くの方がご存じでないようです。地上予想天気図から未来の天気分布を読みとろうとするにもかかわらず、その天気分布が何時の空模様なのかを知らないのはおかしな話です。ただ漠然と、今日の気圧配置を示すものと理解しておられるのかもしれませんが、そもそも地上予想天気図は未来の「ある特定の時間」の気圧配置を描いたものにすぎません。つまり、実況天気図に描かれた現在の気圧配置が変化し、未来の特定の時間に地上予想天気図に描かれた気圧配置になるということを示しているだけのことです。早朝の出港直前に見る地上予想天気図は、その日の夜9時の気圧配置を示したものですから、天気図上、日本がすっぽりと高気圧に覆われていたとしても、それは一日をかけた気圧配置の変化の「結果」であって、昼間に航海する私たちに直接関係する気圧配置でありません。

私たちが地上予想天気図から読みとるべきことは、天気図に描かれた気圧配置に至る「過程」です。具体的には、衛星画像や気象レーダーなどを使って肉付けした実況の気圧配置が、いかなる変化の過程を経て地上予想天気図の気圧配置になるのかを、あたかもテレビの天気予報で使われている「動く天気図」のようにイメージする必要があるのです。

アジア地上予想天気図	≠	天気分布をイメージする
＋		
実況天気図	➡	気圧配置の変化をイメージする

また、府県天気予報の記載事項や、天気概況や短期予報解説資料から読みとった予想上の着目点、そして数値予報から読みとった未来の空模様を地上予想天気図と対応させて把握するためにも、地上予想天気図を動く天気図として理解しておく必要があります。なぜなら、府県天気予報は一定の予報「期間」を対象としたものですし、短期予報解説資料の着目点も、「……

が、発達しながら……に進むため」とか「……が停滞し」「……が発生し」などと、現象の「動向」として書かれているからです。

　もっとも、実況天気図と予想天気図から動く天気図をイメージすることは、私たちにとって少々ハードルが高すぎます。また、実況と予想の2枚の天気図から、複雑な気圧配置の動向、例えば、発達しながら速度を上げる低気圧の動向や、突然現れたり消滅したりする前線の変化などをイメージすることは、かえって誤ったイメージを作り上げてしまう危険すらあります。

　この点、短期予報解説資料には主要じょう乱解説図という簡易図が掲載されています。主要じょう乱解説図には、府県天気予報の予報期間の気圧配置や前線の動向が12時間毎に記載され、注目すべき気象現象の原因やその動向まで、図への書き込みや文章で具体的に加筆されています。

●短期予報解説資料掲載の主要じょう乱解説図

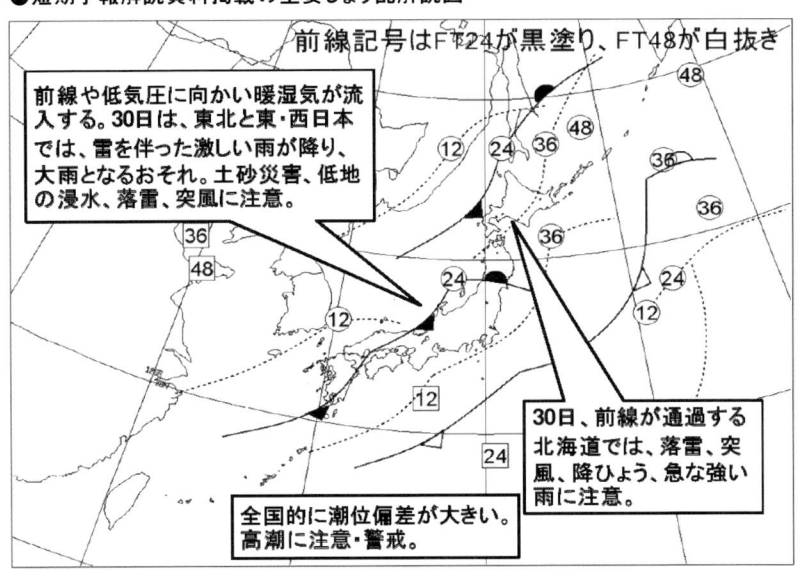

前線記号はFT24が黒塗り、FT48が白抜き

前線や低気圧に向かい暖湿気が流入する。30日は、東北と東・西日本では、雷を伴った激しい雨が降り、大雨となるおそれ。土砂災害、低地の浸水、落雷、突風に注意。

30日、前線が通過する北海道では、落雷、突風、降ひょう、急な強い雨に注意。

全国的に潮位偏差が大きい。高潮に注意・警戒。

　低気圧が○、高気圧が□、台風が◎で表現され、それぞれの位置が、数値予報の計算の初期値となる観測時間（初期時間）からの経過時間で示されているということだけ知っておけば、これほどわかりやすい図はほかにはないでしょう。

　主要じょう乱解説図を参考にしなが

ら、実況天気図と予想天気図を見比べるのであれば、誰にでも動く天気図をイメージすることができるはずですから、地上予想天気図を読む際には、併せて必ず目を通すようにしてください。

3.雲の様子をイメージする
……未来の衛星画像
――FXFE5782・5784・577：極東850hPa気温・風、700hPa上昇流・湿数、500hPa気温予想図――

《湿数予想図》

　実況把握においては、衛星画像から読みとった雲の様子を実況天気図上の気圧配置と関連付けて把握しましたが、予報の把握おいては、数値予報の計算結果を描いた湿数予想図（正式にはタイトルのように長い名前ですが、空気の湿り気の数値を示す図なので、省略して「湿数予想図」と呼ぶことにします）という専門の天気図を「未来の衛星画像」として用い、読みとった未来の雲の様子を地上予想天気図（動く天気図のイメージでしたね）と対応させて把握します。

　ここから湿数予想図の使い方の説明に入りますが、ここで繰り返し念を押しておきたいのは、「決して難しい天気図ではない」ということです。一見複雑に見えるのは一枚の天気図に数種類の異なる数値予報の計算結果を盛り込んでいるためで、個々の計算結果だけに着目すれば非常に単純な天気図にすぎません。また、私たちは予報を作るためではなく、予報を理解するために使うだけですから、テレビの天気予報で使われている雨のエリアのアニメーションと同様、雲のエリアのアニメーションの一コマとして見ればよいのです。私自身、初めてこの図を見たときは、こんなに難しい天気図を読み解かなければ気象予報士になれないのかと絶望しましたから、初めてこの図をご覧になった方の気持ちはよくわかります。

　湿数天気図は、専門の天気図の中でも「難しそう」に見える天気図の代表格ですから、他の専門の天気図の説明を気楽に読み進めていただくためにも、特に詳しく説明しますので、ぜひともお付き合いいただきたいと思います。

● 湿数予想図

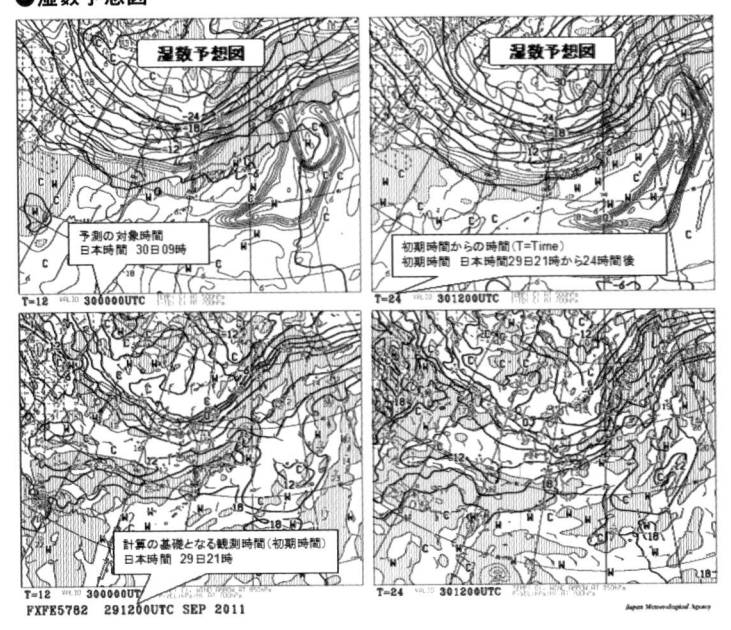

《使用上のお作法》

では、湿数予想図を使う上で、知っておかなければならない最低限度のお作法から説明していきましょう。

湿数予想図は、四つの天気図で構成されているFXFEという天気図の上段の2枚を指します。図全体の左下には、数値予報の計算のために入力した観測値の観測日時（初期時間）が記載され、各天気図の左下には予想の対象日時が記載されていて、右側の図が左側の図より12時間だけ未来の様子を表示しています。いずれも世界標準時で記載されていますから、9時間を加算すると日本時間に換算できます。

また、FXFEは全体で3枚がセットになっていて、FXFE5782は初期時間から12時間後（T=12）と24時間後（T=24）、FXFE5784は36時間後（T=36）と48時間後（T=48）、FXFE577は72時間後（T=72）を表示しています。

FXFE5782	T=12	T=24
FXFE5784	T=36	T=48
FXFE577	T=72	

例えば、出港前に05時発表の府県天気予報で当日の天気をチェックする場合、府県天気予報は前日21時の観測値に基づく数値予報で作成されてい

ますから、湿数予想図も、前日21時の観測値に基づく、左下にFXFE5782○○（前日の日付）1200UTC（世界標準時）と記載された図の上段、T＝12（当日09時）とT＝24（当日21時）を使うことになります。

他方、出港前夜に17時発表の府県天気予報で翌日の天気をチェックするならば、当日09時の観測値に基づくFXFE5782 ○○（当日の日付）0000UTCの上段のT＝24（翌日09時）と、FXFE5784○○0000UTCの上段T＝36（翌日21時）を使うことになります。

詳しく書いたので、かえってややこしくなってしまったかもしれませんが、世界標準時を日本時間に換算するには9時間を加えるということさえ覚えておけば、天気図を見るだけで使い方を思い出しますから心配は不要です。

つまらない？ お作法の説明はこれくらいにして、ここからは湿数予想図から雲のエリアを読みとる方法について説明していきます。

《湿数予想図の読み方》

湿数予想図には、縦線で網かけになっているエリアがあります。このエリアは、湿数3℃未満のエリアといって、気象学の教科書には、未来の雲のエリア（中・下層雲）にあたると書かれています。

湿数とは気温と露点温度（空気を冷やしたときに水滴＝湯気が発生する温度）の差をいいますが、気温と露点温度の差が小さいほど、様々なきっかけで湯気＝雲が発生しやすいので、湿数3℃未満の空気が雲の目安とされているわけです。

そうだとすれば、この網かけのエリアを未来の雲のエリアとして読みとればよいと思われるかもしれません。また、多くの教科書にはそのように書かれています。しかし、予報利用学では、網かけのエリアの一本外側の湿数6℃の線の内側を雲のエリアとして判断します。

●湿数予想図上の雲のエリアと
　実際の雲の様子

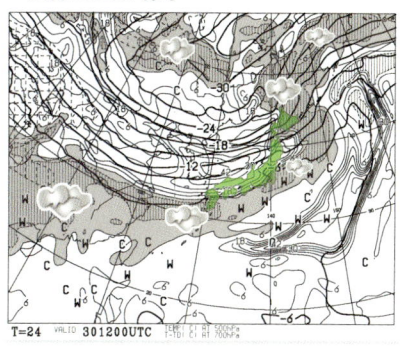

というのも、実況把握において、衛星画像（赤外画像）で把握した雲のエリアと、数値予報から読みとった未来の雲のエリアを統一的かつ連続的にイメージしようとするなら、網かけの一本外側の6℃の線を利用したほうがよいからです。試しに湿数6℃の線の内側と同時刻の衛星画像を見比べると、ほぼ一致していることがわかるはずです。

　なお、慣れないうちは、蛇行する線を忠実にトレースしようと思うあまり、線が大きく蛇行する部分などで、どのように雲のエリアを把握すべきか迷う場合があるはずです。しかし、衛星画像を見ればわかるように、実際の雲のエリアはもっと複雑ですから、線に忠実になってもあまり意味がありません。また、明らかに最寄りの地域の空模様とは無関係な場所まで丁寧に読みとっても無駄といえます。したがって、必要と思われる地域の網かけ部分の周辺を、網かけ部分より少し大きめに色塗りするというつもりで、大ざっぱに雲のエリアの傾向を把握するだけで十分です。

《地上予想天気図と対応させる》

　このようにして、湿数予想図から雲のエリアを読みとり、これを未来の衛星画像と考えて、地上予想天気図上に重ね合わせ、予想気圧配置と対応させます。

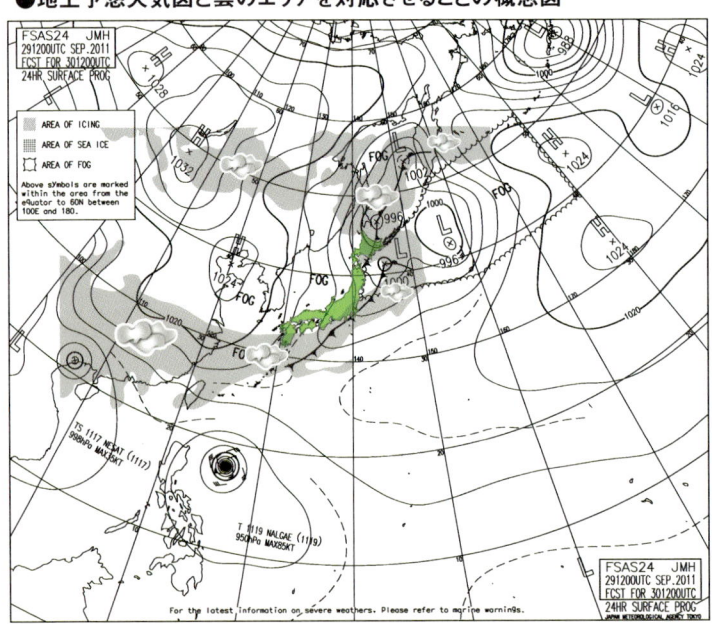

●地上予想天気図と雲のエリアを対応させることの概念図

ここで注意しておきたいのは、実況から予想への「動く天気図」に対応させるということです。そうすると、「とある時間」の雲の様子にすぎない湿数予想図の雲のエリアを、動く天気図と対応させるには、雲のエリアも実況からの動きとしてイメージしなければならないことになります。この点、湿数予想図は予想対象時間が12時間ずつ異なる複数の天気図で構成されていますから、少なくとも2枚の図から雲のエリアを読みとり、両者を比較することで、雲の動きをイメージすることができるはずです。

●湿数予想図上の雲のエリアの変化

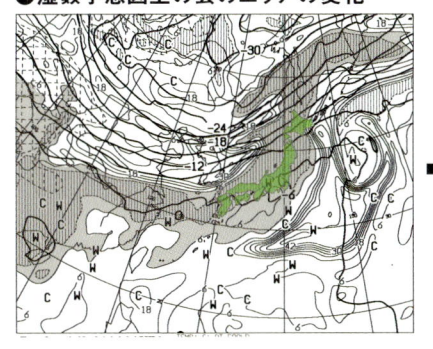

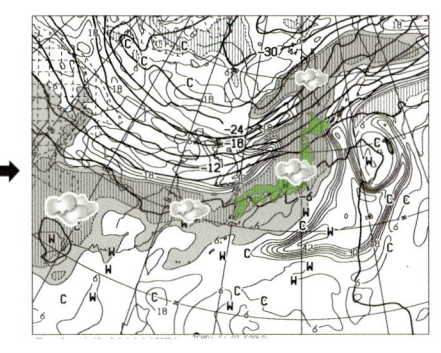

| 湿数予想図から雲のエリアを読みとる | → | 地上予想天気図の気圧配置(動く天気図)と対応させる
2枚の湿数予想図から雲のエリアの動きをイメージする |

《プリントして色塗りの練習を》

　以上で湿数予想図の読み方の説明は終わりますが、専門天気図を読む抵抗感は薄れたでしょうか。湿数予想図には、500hPa（上空約5500メートル付近）の気温も太い実線で描かれているため、図が煩雑に見えるだけということに気付かれたと思います。

　ただ、500hPaの気温は、冬場の天気予報で「上空の−30℃の寒気」とか「冬将軍」などという名称で、予想天気図上に書き込まれる寒気の絵の原図になる重要な情報です。また、寒気と暖気がぶつかる所に雲が発生する傾向があるので、あえて湿数と上空の気温がセットになっているわけですから、煩雑というよりは空模様を詳しく理解するための工夫がされていると言ったほうが正しいでしょう。

　専門の天気図に慣れてくるにしたがって、目的とする情報だけではなく、併記されている情報にも気配りする余裕

がでてくるはずです。そして、他の情報への気配りが、未来の空模様をより詳しく理解することにつながります。専門の天気図に興味を持たれた方は、週末のデイクルージングの前日だけで構いませんから、プリントをした専門天気図に色を塗り、図に慣れていただきたいと思います。

4.雨のエリアをイメージする
　　……未来の気象レーダー
— FXFE502・504・507：極東地上気圧・風・降水量・500hPa高度・渦度予想図 —

《降水量予想図》

雲のエリアをイメージしたあとは、どの雲の下で雨が予想されているか、未来のレーダー画像ともいえる天気図（略して降水量予想図と呼ぶことにします）で調べます。

降水量予想図（FXFE50）も湿数予想図と同様、数値予報としてはじき出された過去12時間の降水量（mm/12h）を図にしただけですから、テレビの天気予報で頻繁に使われている雨のエリアのアニメーションの一定期間を図として切りだしたものといえます。

数値予報の初期時間や各図の予想対象日時など、図を読むための最低限のお作法については湿数予想図とまったく同じですから、さっそく具体的な使い方から説明していきましょう。

●降水量予想図

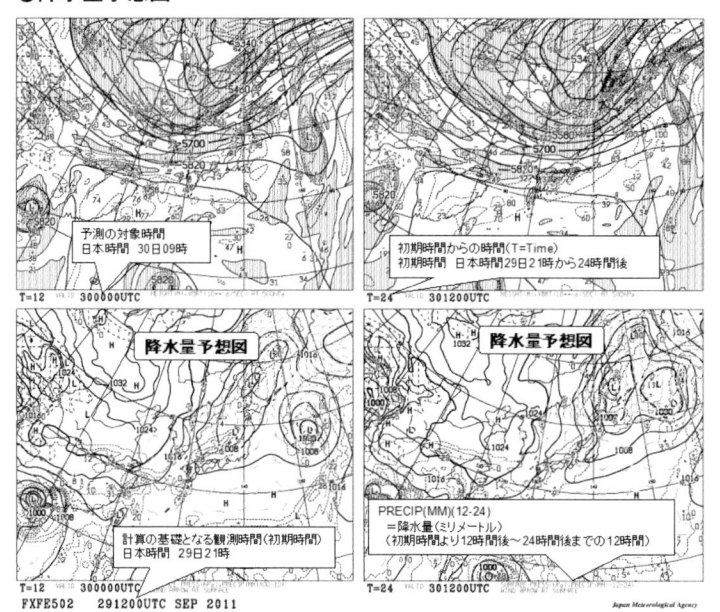

《降水量予想図の読み方》

　FXFE50も四つの天気図から構成された3枚組の天気図ですが、こちらは下段の2枚を使います。

　降水量予想図中、点線（等降水量線）で囲まれたエリアが降水（雨）域を示していて、一番外側の線が12時間で0ミリの降水、順次10ミリごとに最大50ミリまでの降水量が点線で表示されています。

　この点線で囲まれた降水域を未来の気象レーダーとして使うわけですが、予報利用学では、単純に点線の内側を雨のエリアと判断するのではなく、湿数予想図と同様、ちょっとした工夫を施します。というのも、一番外側の線と二番目の線の間では、最大でも12時間で10ミリ程度の雨しか降りませんから、体感的には雨ではなく、曇りのエリアと感じられることが多いからです。

　そこで、二番目の線の内側を雨のエリアと考え、一番外側の線と二番目の線の間を曇りベースの雨のエリア、あるいは「ぐずつきエリア」と考えます。これを府県天気予報と対応させるなら、二番目の線の内側は「雨」ないし「雨　一時　くもり」、一番外側の線と二番目の線の間は「くもり（一時・時々）雨」あるいは「所により　雨」と考えればよいでしょう。

　雨のエリアを読みとる作業は、湿数

●降水量予想図上の雨のエリア

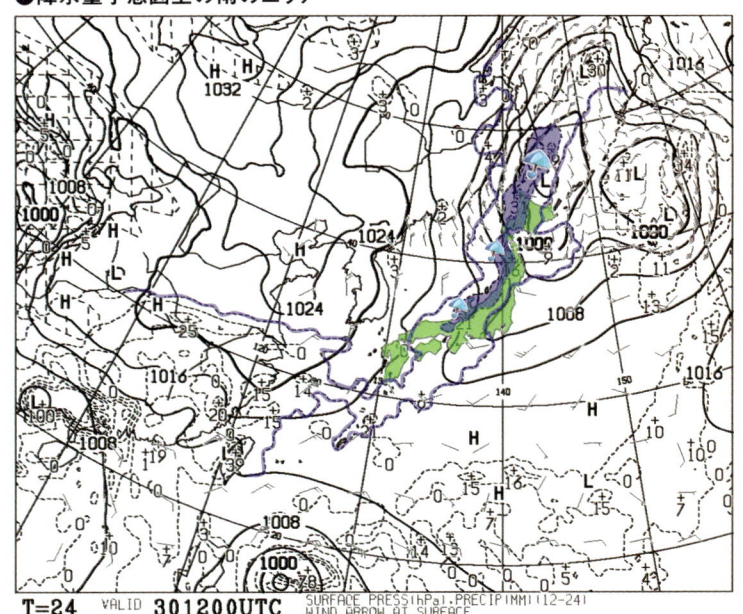

予想図より簡単ですが、PCの画面上だけで読みとれるようになるために、湿数予想図と同様、一度は天気図をプリントして、雨のエリアの色塗りを練習しておくことが望まれます。このとき、一番外側の線に実線を引き、二番目の線の内側に色を塗ると雨の降り方まで一目で理解することができるはずです。

《地上予想天気図と対応させる》

さて、雨のエリアを把握したあとは、予報対象時間の異なる左右の天気図から雨のエリアの動向をイメージして、地上予想天気図の気圧配置（動く天気図）と対応させます。このとき、雨のエリア全体の動向だけではなく、雨のエリアの中でも降水量が多く計算されているエリアの動向も併せてイメージしなければなりません。というのも、雨の有無にとどまらず、降水量の多少も航海に大きく影響してくるからです。もっとも、雨のエリアの一番外側の線の動向と、二番目の線の内側の動向を別個にイメージするだけのことですから、特に難しいことはないはずです。

ところで、降水量予想図に点線と一緒に描かれている実線は、御察しのとおり、地上予想天気図と同じ地上の等圧線です。等圧線が地上予想天気図とほぼ同じ形をしていると感じられたと思いますが、そもそも地上予想天気図は、予報官が降水量予想図（FXFE50）を修正したり、前線を書き込んで作成したものにほかなりません。ですから、降水量予想図と地上予想天気図を対応させるといっても、地上予想天気図と降水量予想図の気圧配置を見比べて、気圧配置の大きな修正がなければ、前線との対応を考えるだけでよいのです。

このとき、降水量予想図の気圧配置と地上予想天気図の気圧配置に「大きな」違いがある場合には、数値予報の修正がなされた可能性があります。このような場合には、天気予報の別のシナリオを考えるための資料として、どのような修正がされたのかを、読みとっておきましょう。

なお、以上の作業が終わったら、湿数予想図で把握した雲の動向も対応させて空模様のイメージをさらに膨らませます。

●地上予想天気図と雨のエリアを対応させることの概念図

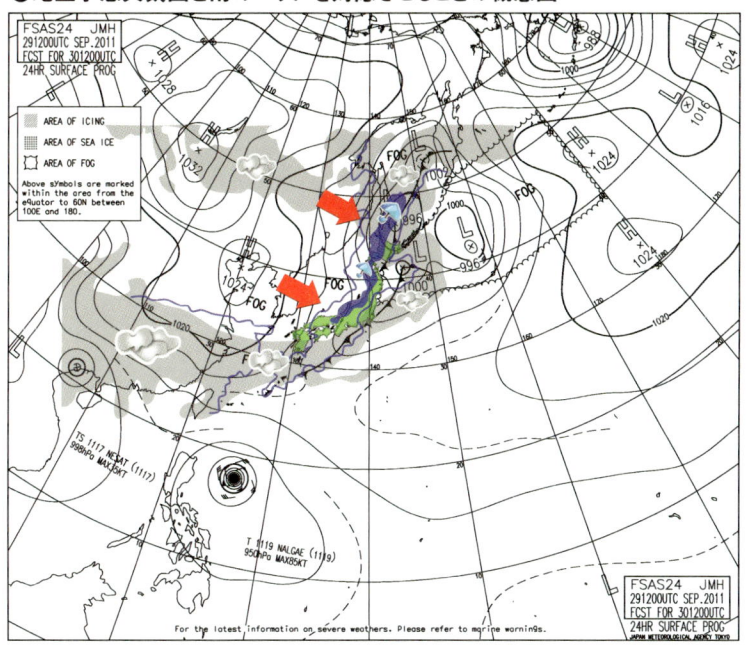

```
                    ┌─────────────────┐
                    │ 雨のエリア自体の動向 │
                    └─────────────────┘
                             ↓
┌──────────────┐    ┌──────────────┐    ┌──────────────┐
│ 降水量予想図から │ →  │ 地上予想天気図の │ →  │ すでに把握した  │
│ 雨のエリアを読みとる│    │ 気圧配置と対応させる│    │ 雲のエリアと対応させる│
└──────────────┘    └──────────────┘    └──────────────┘
                             ↑
                    ┌─────────────────┐
                    │ 降水量の多い場所の動向 │
                    └─────────────────┘
```

5. 風の様子をイメージする
……未来のアメダス
― FXFE502・504・507：極東地上気圧・風・降水量・500hPa高度・渦度予想図 ―

《降水量予想図で風の予測を読む》

　降水量予想図に、地上予想天気図と同じ等圧線も描かれていることは説明しましたが、すでにお気づきの通り、地上（海上）の風の様子も、矢羽根を使って記載されています。

　説明の便宜上、「風予想図」と呼ぶことにしますが、ラジオを聞きながら天気図を描いたことがある方なら、矢羽根の形に懐かしさを感じられると思います。ただ、ラジオを聞きながら描く矢羽根は日本式天気図記号といって、風速が風力で表現されていますが、世界共通の専門の天気図ではノット（kt）で表現されています。ノット（kt）をメートル

(m/s)に換算するには、およそ半分(1/2)にするだけで済みますし、府県天気予報の風の予報の定義は(m/s)で規定されていますから、風予想図のほうが統一的に風の強さをイメージしやすいと思います。

ちなみに、風向を示す矢から左側に延びている羽根は、短い羽根が5(kt)、長い羽根が10(kt)、黒塗りの三角形をした羽根が50(kt)を意味していて、それぞれの羽根が示す風速を加算したものが、矢羽根本体の示す風速になります。

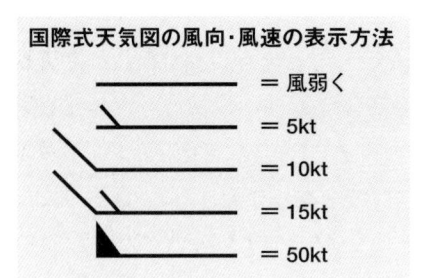

国際式天気図の風向・風速の表示方法

```
―――――    = 風弱く
―――\―     = 5kt
―――\\―    = 10kt
―――\\\―   = 15kt
―――▲―     = 50kt
```

初期時間や各図の予想対象日時などの天気図を使うためのお作法は、湿数予想図と同じですから、特に説明はいらないでしょう。

《風予想図＝湿数予想図の読み方》

気象講習会で風予想図をお見せすると、最寄りの地域に一番近い矢羽根だけで風の様子を読みとろうとされる方がいらっしゃいます。確かに、最寄りの矢羽根を見れば、「その場所」の風の予想を読みとることができます。しかし、風は気圧と密接に関係しているので、計算上の誤差やゆらぎによって等圧線が微妙に歪んだだけで、風の予想も大きく変化してしまいます。ですから、風予想図の一カ所だけをクローズアップして風の様子を読みとろうとする使い方は非常に危険です。また、風の予報文の読み方で説明したように、風は地形の影響を受けやすく、強風でない限り計算値をそのまま最寄りの地域の風速として解釈するわけにはいきません。したがって、風と密接に関係する「気圧配置との関係」で「場の風」を読みとるのが風予想図の正しい読み方といえます。

●風予想図（降水量予想図）大ざっぱな空気の流れを読む

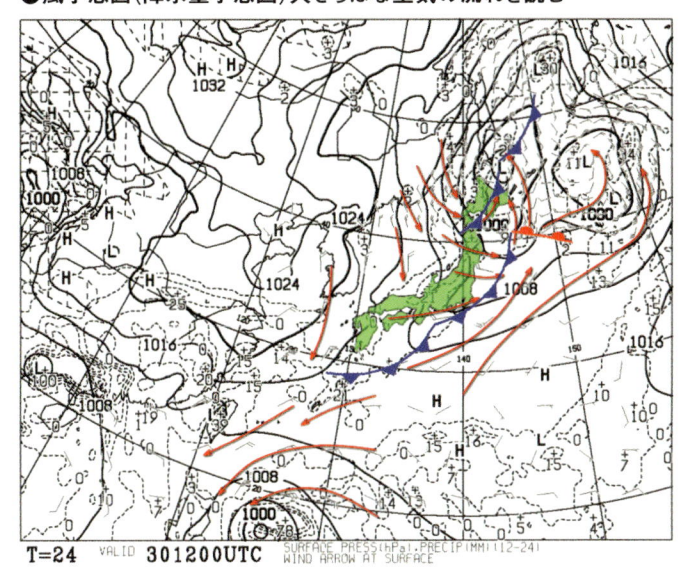

具体的には、「低気圧や台風には反時計回りに風が吹き込む」、「高気圧からは時計回りに風が吹きだす」、「温暖前線には緩やかに南西風が吹き込む」、「寒冷前線の北側には北西風が吹き南側には南西風が吹いている（通過すると風向が急変する）」、「停滞前線の南北で風向が異なる」という船舶免許のテキストにも書かれている基礎知識を参考にして、矢羽根が示す風向を大ざっぱな「空気の流れ」としてとらえ、強風が予想される場合には、そのエリアを特定します。

●高気圧や低気圧周辺の風と空模様の概念図

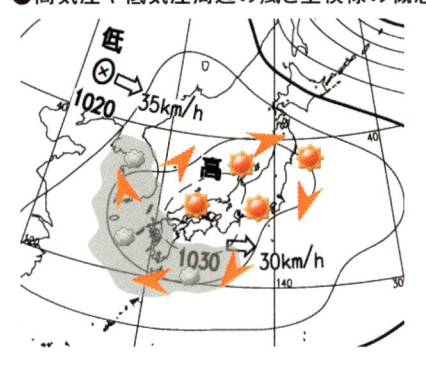

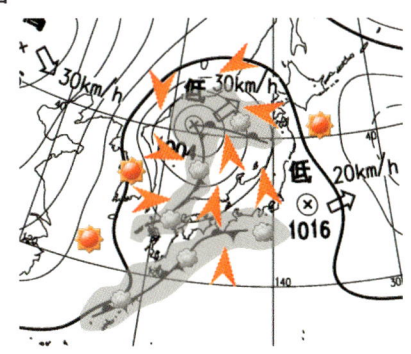

123

風予想図には等圧線も描かれていますから、「気圧配置との関係」を読みとることは比較的容易なはずです。ただ、予報官の解析によって決定される前線は描かれていませんから、地上予想天気図でその位置を確認しつつ、風の様子と対応させることになります。

　ただ、私の経験上注意しておきたいのは、「低気圧には反時計回りに風が吹き込む」等のパターンにとらわれすぎてはいけないということです。なぜなら、低気圧や高気圧が互いに接近して複数存在する場合には、風向は非常に複雑な様相を示すため、無理にパターンに押し込もうとすると風の様子を読み誤ることになるからです。一つの矢羽根だけが周囲と異なる風向を示しているような場合、それにこだわる必要はありませんが、たとえパターンに当てはまらない風であっても、複数の矢羽根から傾向として風向をとらえることができるならば、パターンより矢羽根の傾向を優先していただきたいと思います。

《地上予想天気図と対応させる》

　雲・雨のエリアと同様、風の動向を把握し、地上予想天気図（動く天気図）と対応させます。この作業は慣れるまでは難しく感じられるかもしれませんが、低気圧や高気圧の位置が変化するにしたがって、風向や強風域も変化していく様子をイメージできることが理想です。

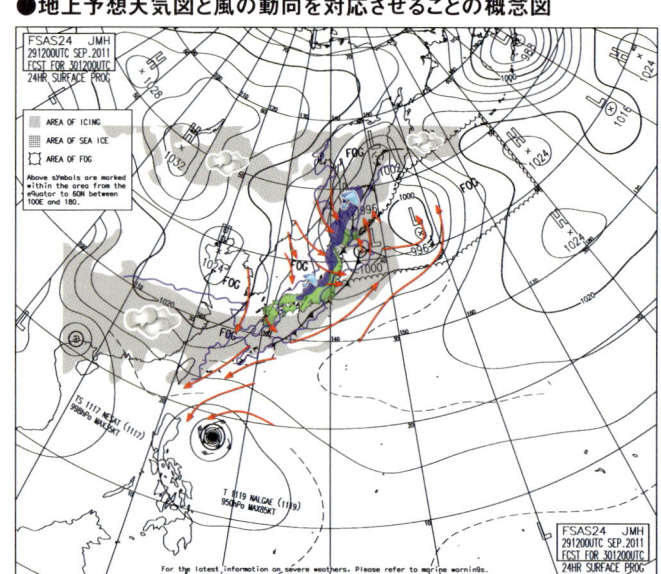

●地上予想天気図と風の動向を対応させることの概念図

6. 波の様子をイメージする
──FWJP04：沿岸波浪予想図──

波の実況を把握するために沿岸波浪実況図を使いましたが、未来の波の様子は沿岸波浪予想図から読みとります。

府県天気予報の波の予報文の読み方を説明した際、沿岸波浪予想図で「場の波」を把握し、予報文から「最寄りの波」を読みとるということを説明しましたが、沿岸波浪予想図からは、地形の影響を受けない大ざっぱな波の様子を、地上予想天気図と対応させて把握することになります。

●沿岸波浪予想図

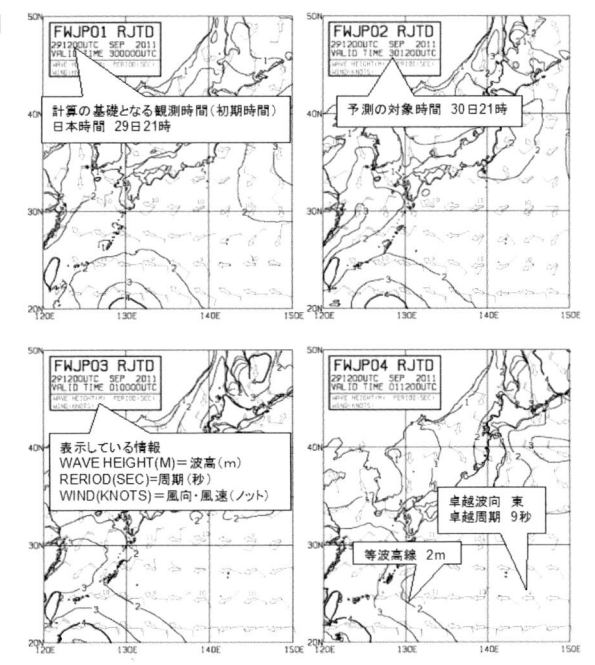

沿岸波浪予想図は、観測時間から12時間ごとの四つの予想波浪図から構成されています。

そして、沿岸波浪実況図と同様、等波高線と卓越波向、卓越周期が記載されていますから、四つの予想波浪図を順に見比べて、等波高線がどのように変化していくのか、高波のエリアは最寄りの海域に接近する傾向なのか遠ざかる傾向なのか、どちらの方向から波がやってくるのか、ということを波と密接に関係する海上の風の変化傾向と対応させて把握します。

そして、他の気象要素と同様、地上予想天気図（動く天気図）と対応させ、波の様子と気圧配置を関連付けます。

●風の様子と対応させて波高を読みとる

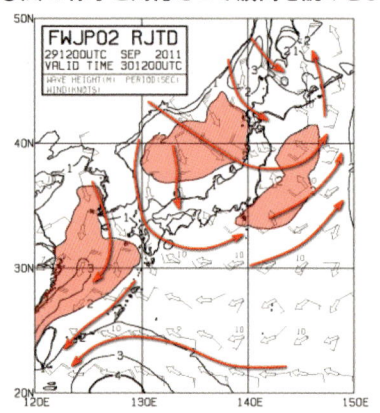

●地上予想天気図と波の動向を対応させることの概念図

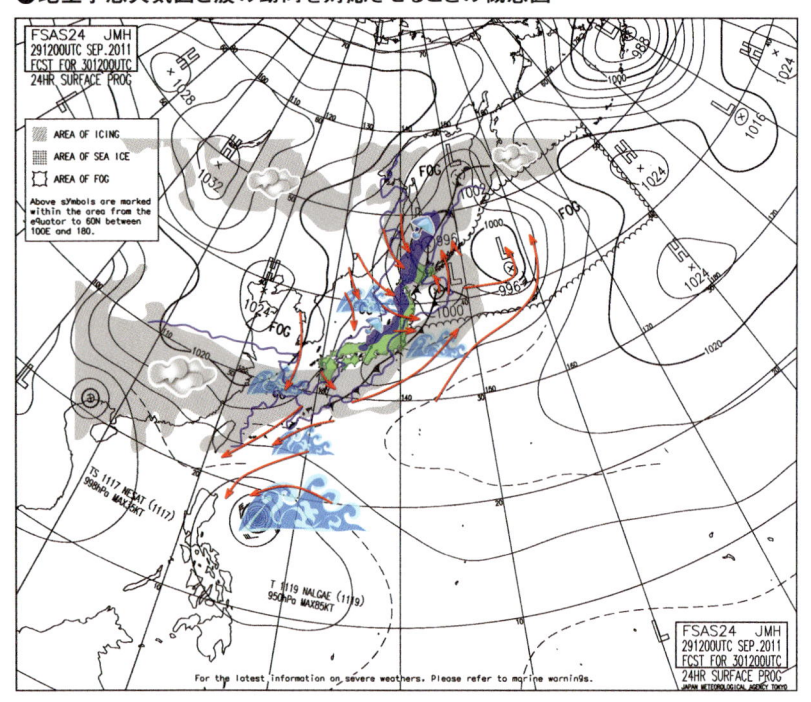

以上の作業によって、数値予報がはじき出した雲、雨、風、波の動向を、（実況からの変化として把握した）一枚の地上予想天気図上に集約し、気圧配置と結び付いた有機一体の未来の空模様をイメージすることができたはずです。

地上予想天気図 + [雲のエリア / 雨のエリア / 風の様子 / 波の様子] × 「動向」のイメージ = 未来の空模様

7. 数値予報で流れをつかむ
《数値予報のアニメーションを併用する》

　専門の天気図を衛星画像や気象レーダーの代わりに使うことによって、未来の空模様をイメージしましたが、専門の天気図はFAXやプリントアウトを前提としたものである以上、未来の「特定の時間」の空模様を表示しているにすぎません。一方、天気予報の最終製品である府県天気予報は、「一定の期間」の空模様を言葉にしたものですから、繰り返し「動向として」「動きとして」「動く天気図として」などと「一定の期間」の空模様の変化をイメージするように説明してきたわけです。

　しかし、時々刻々と変化していく雨の様子や風の様子を、時間の流れに沿って動的にイメージするには、ある程度の慣れが必要です（慣れてしまえば3分もあれば十分ですが）。

　また、9時と21時の2枚の予想天気図から、前線の通過をはじめとする動きの速い天気変化を具体的にイメージするのは困難です。

　さらに、船体の点検やナビゲーションの確認、身支度などで慌ただしい出港前に、腰を落ち着けて空模様の変化をイメージしている余裕などありません。

　この点、テレビの天気予報で使われている雨・雲・風のアニメーションと同じものを使うことができれば、以上の問題もずいぶん軽減されるはずです。ここからは、インターネット上に公開されている数値予報のアニメーションを可能な限り併用して、未来の空模様の変化を、よりスピーディーに、より具体的にイメージする方法を説明します。

未来の空模様の「動向」の把握 / 動きの速い現象の具体的イメージ ➡ 数値予報のアニメーション

《数値予報のアニメーションを使うにあたって》

数値予報のアニメーションを使うとしても、いかなる数値予報を使うべきか、明確にしておかなければなりません。なぜなら、インターネット上には、日本の気象庁が作成した数値予報をはじめ、アメリカ海洋気象局や韓国の気象庁、さらには出所も更新時間も初期時間も不明な怪しい数値予報？まで、無数の数値予報が存在しているからです。中には日本語で表示しつつ、その内容はアメリカの数値予報を使っているものまでありますから、使うべき数値予報は信頼のおけるものであり、私たちの目的に沿ったものを厳選する必要があります。

また、インターネットで数値予報を入手できるとしても、地方や離島などの寄港先で、チャートテーブル上のノートパソコンやタブレット端末、スマートフォンなどで使うわけですから、データ量も無制限というわけにはいきません。

まずは以上の点について、順番に説明していきましょう。

●モバイル運用で表示した数値予報のアニメーション

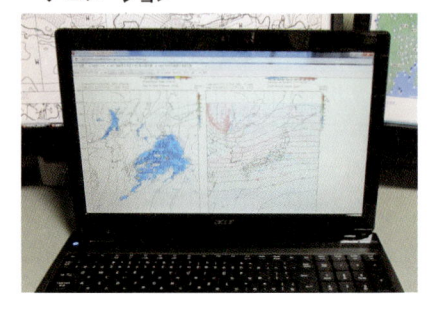

《GSM MSM》

気象庁発表の専門の天気図と併用するために数値予報を使うのですから、専門の天気図を作成するために使われた気象庁発表の数値予報を使うのは当然です。ただ、一言で気象庁の数値予報といっても、ネット上に公開されているものだけでも、全球モデル（GSM）、メソモデル（MSM）という二つの数値予報があります。

●数値予報モデルの種類（気象庁HP）

主な数値予報モデルの概要

予報モデルの種類	モデルを用いて発表する予報	予報領域と水平解像度	予報期間	実行回数
メソモデル	防災気象情報	日本周辺 5km	～33時間	1日8回
全球モデル	分布予報、時系列予報、府県天気予報 台風予報 週間天気予報	地球全体 20km	～9日間	1日4回
台風アンサンブル予報モデル	台風予報	地球全体 60km	5日間	1日4回
週間アンサンブル予報モデル	週間天気予報	地球全体 60km	9日間	1日1回
1か月アンサンブル予報モデル	異常天候早期警戒情報、1か月予報	地球全体 110km	～1か月	週2回
3か月・暖寒候期アンサンブル予報モデル	3か月予報、暖寒候期予報	地球全体 180km	～7か月	月1回

GSMは仮想の地球全体を20キロメートルの格子に分割して、それぞれの格子について未来の空模様を計算していますが、MSMは日本周辺だけを5キロメートルの格子に分割して計算しています。したがって、低気圧や高気圧の動向など、広い範囲の現象の予測にはGSMが適しており、大雨などの局地的な現象を予測するためにはMSMが適しているといえます。

　このため、低気圧や高気圧の動向を読みとる必要がある専門の天気図はGSMによって作成されており、府県天気予報の作成にも原則としてGSMが用いられていますが、局地的な大雨などを予測しなければならない防災気象情報にはMSMを用いるという使い分けがされています。もっとも、短期予報解説資料の「3. 数値予報資料解釈上の留意点」という節には、しばしば「降水についてはMSMも参考」とか「MSMは東シナ海の……低気圧を発達させているが、GSMを採用し割り引く」などの記載がありますから、気象庁ではMSMも併用して予報を作成しているようです。

《数値予報の入手方法》

　以上から、選択の余地なく私たちは原則としてGSMを数値予報のアニメーションとして使わなければなりませんが、残念ながら私の知る限り、無料でGSMをアニメーションとして公開している信頼のおけるサイトは存在しません。また、生のデータだけを無料で公開しているサイトはありますが、アニメーションとして表示するには、専門的なプログラミングの知識が必要ですし、データ量も多いので、モバイル運用の端末やスマートフォンで使うには適していません。

　この点、MSMに関しては、一部のサイトでアニメーションが公開されており、発表時間（初期時間）も明確に示されています。そこで、数少ないこれらのサイトのアニメーションを使って、慣れない専門の天気図を快適に使う方法を考える必要があります。

●MSMの降水アニメーションの一例
（ウェザー・サービスHP）

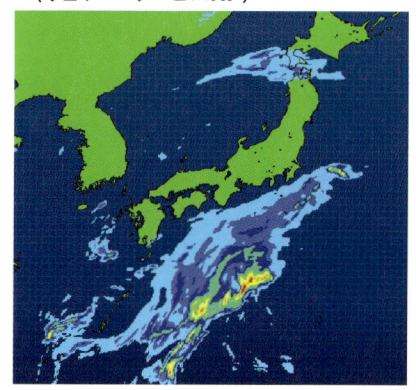

　この点、月額315円（2011年12月現在）でGSMとMSMを自由に使うことができ、ほぼすべての専門の天気図も閲

覧できるサイトがあります(ウェザーニューズ社)。GSMをアニメーションで使うことができるということは、専門の天気図をそのまま動画として見ることができるということですから、このサイトを使えば、先に説明した専門の天気図使用上の位置づけや、これから説明する数値予報のアニメーションの使い方もずいぶん異なることになります。

興味のある方や長期航海に出かける方などは、登録されることをお勧めしておきます。

● 数値予報アニメーションを表示するサイトの例

ウェザー・サービス http://www.weather-report.jp/	[ホーム]▶[プロフェッショナル]▶[MSM地上]
●メソモデル(MSM)、海面更生気圧、雨量、雲量、気温、相対湿度、風向・風速	
Yahoo!天気予報 http://weather.yahoo.co.jp/weather/	[ホーム(天気ガイド)]▶[風予測]
●メソモデル(MSM)、風向・風速	
ウェザーニューズ http://weathernews.jp/index.html	[ホーム]▶[ALL Channel]▶[Labs Ch.](有料)
●メソモデル(MSM)、全球モデル(GSM)、天気図(ほぼすべてを網羅)、衛星画像、実況データ(生データ)	

《数値予報のアニメーションの本質》

2000年以降、テレビの天気予報では、数値予報を使った雨のエリアのアニメーションや、風の変化を矢印で表示するアニメーションなどが頻繁に使われるようになりました。これによって、天気図だけで解説していた頃より説得力のある解説が可能になりましたが、それ以前は民間気象会社の中で、数値予報のアニメーションを放送で使うことに賛否両論がありました。

ご存じのように、数値予報をアニメーションで表示すると、あたかも未来の空模様を見ているような気持ちになるものですが、特に解像度の高いMSMのアニメーションは、加工次第で非常に印象の強い情報に変身します。

● MSMモデルによる降水と雲量の計算値の一例

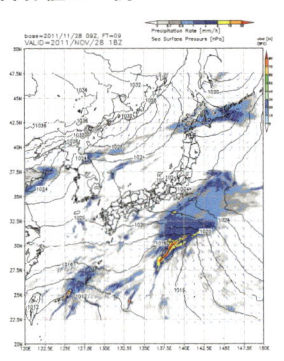

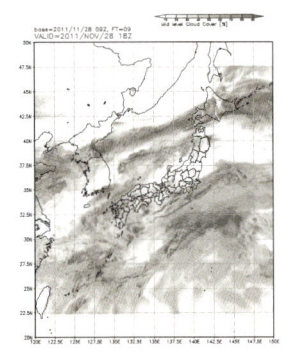

このため、「誤差のあるシミュレーションデータにすぎない」ということを知らない視聴者は、「頭上にはギリギリ雨雲がかからない」などと、誤差（安全マージン）を無視した判断をするのではないか、その結果、誤差も考慮して作られている天気予報（府県天気予報）を軽視してしまうのではないかということが心配されたのです。

結局、一つの放送局が頻繁に使い始めると、なし崩し的にほとんどの放送局で使われるようになってしまったのですが、数値予報のアニメーションを使う際に注意すべき点がここにあります。つまり、数値予報は誤差のあるシミュレーションであって、天気予報を作成するための道具にすぎず、安全マージン考えて使用しなくてはならないということです。しばしば、天気予報（府県天気予報）は大ざっぱだから、わかりやすくて詳細な雨や風のアニメーションを使っているという話を耳にしますが、そのような使い方は本末転倒と言ってよいでしょう。

この点、ご紹介してきた専門の天気図は、同じGSMであるにもかかわらず、数値予報のアニメーションほどリアルではありませんし、いかにも誤差がありそうな描かれ方をしています。また、最も気になる降水量については12時間降水量で表示されていますから、無意識のうちに誤差を織り込んだ読み方になります。

予報官のように、誤差を読み込んだ判断をすることができない私たちにとっては、専門の天気図が主役で、数値予報のアニメーションが脇役というくらいのスタンスがちょうど良いと思います。

《数値予報のアニメーションの使い方》

専門の天気図が主役で、数値予報のアニメーションは脇役というスタンスですから、数値予報のアニメーションによって、専門の天気図から読みとった未来の空模様を修正するという使い方はありえません。

また、数値予報のアニメーションを無料で使うなら、府県天気予報の作成に補足的に用いられているMSMを使うしかありませんから、原則として参考資料としての使い方にならざるをえません。

繰り返しになりますが、専門の天気図から把握した未来の空模様を、「動向として」把握することの難しさを解消する目的と、動きの速い現象を具体的にイメージするという目的のために数値予報のアニメーションが必要になったはずです。したがって、未来の空模様を「動向として」把握するための数値予報のアニメーションは、雲や雨のエリアの

大きさを確定するためではなく、エリア全体の「動きの方向」や「通過のタイミング」を考えるための「参考資料として」使うことになります。

数値予報のアニメーション	→ エリア全体の「動きだけ」参考にする
	→ 「専門の天気図の範囲内で」参考にする

また、動きの速い現象を具体的にイメージするときも、専門の天気図から読みとった「未来の空模様のエリアの範囲内で」、雲や雨の「エリアとその動き」をイメージするための「参考資料として」使うということになります。

●専門天気図から読みとった気象要素と対応するMSMモデル

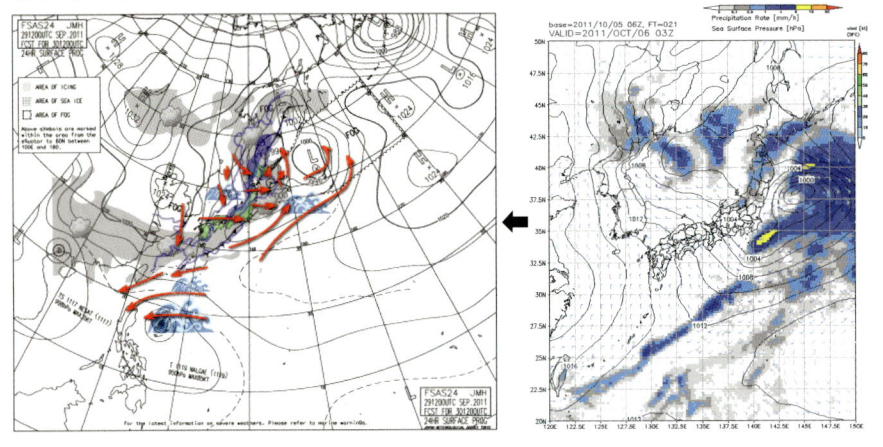

なお、先に説明したように、有料でGSMモデルのアニメーションを入手されるのであれば事情は大きく変わります。専門の天気図と数値予報のアニメーションのいずれもがGSMということになりますから、互いに補う関係という位置づけで使えるようになるのです。つまり、MSMのアニメーションを使う場合とは正反対に、数値予報のアニメーションで現象のエリアと動向を読みとり、専門の天気図を使って誤差を織り込むという使い方ができるようになります。さらに、誤差の織り込み方に慣れてきたら、数値予報のアニメーションだけで未来の空模様をイメージすることもできるようになります。所詮シミュレーションであって、修正・補正が必要な計算値にすぎないということさえ忘れなければ、GSMのアニメーシ

ョンは最強のツールになるはずです。
（GSMと思われる数値予報のアニメーションを無料で公開しているサイトもありますが、更新の継続性やデータの信頼性の裏付けが取れないため、ご紹介するのは差し控えました）

6章 予報利用学の方法論2……予報把握編

6 予報の作成過程をイメージする

　実況把握にはじまり、天気マークの予報と府県天気予報、そして天気概況や短期予報解説資料から予報作成の模範解答を読みとり、さらに専門の天気図や数値予報のアニメーションから未来の空模様をイメージしました。（盛りだくさんの作業でしたが、実際は驚くほど省略できます。その方法は後で説明します）。ここからは、これまでに把握した情報を使って、具体的に予報の作成過程をイメージする方法について説明していきます。

1.予報官の予報作成過程

　予報の作成過程をイメージするわけですから、すでに説明した予報官の予報作成過程のおさらいをしておくことにしましょう。

　予報官はスーパーコンピューターからはじき出された数値予報をもとに予報を作成するわけですが、その前段階として、実況や過去数日間の数値予報の傾向、数値予報のクセや計算値自体の矛盾点などを考慮して、数値予報を修正すべきか否かを判断します。例えば、数値予報の計算結果と実況を比較して、明らかに低気圧の位置や発達の程度が異常であったり、雨のエリアや雨量、風速・波高などが過小あるいは過大に計算されているようであれば、実況との整合を考慮したり、あえて古い計算値を採用するなどして修正を加えます。

　また、高い山や大きな半島の影響など、局地的な地形の影響を考慮すべき場合には、各県の地方気象台の予報官がさらに修正を加えることになります。そして、数値予報では計算されにくい霧などの現象発生の有無を予測し、必要があればそのような現象を加える補正を行い、担当地域の未来の

空模様をイメージし、最後に府県天気予報として文字化しています。

2. 予報官と私たちの違い

では、同じ数値予報を前にして、予報官の頭の中に描かれる未来の空模様は、私たちのそれと何が異なるのでしょうか。気象情報の情報量、気象学や数値予報の知識、そして経験について両者の実力の差は歴然としていますから、数値予報から未来の空模様を読みとる作業結果自体が決定的に異なると思われるかもしれません。

しかし、使用する数値予報の情報量に違いがあるにせよ、予報官も私たちと同じ数値予報を使って未来の空模様を考えているにすぎません。数値予報を使うにあたって私たちは、無料かつ簡単に入手できる専門の天気図を利用しますが、予報官は高精細のディスプレイを使って必要な地域を拡大したり、様々な情報を比較しながら未来の空模様をイメージしています。このため、予報官がイメージする未来の空模様は、私たちのそれよりずっときめ細かで、様々な情報が有機的に結び付いた理論的なものに仕上がっています。ただ、だからといって両者の頭の中にある未来の空模様が大きく異なるわけではないのです。ピントが絶妙に合っ

たプロの写真家の写真と素人の写真の違いのようなものですから、仮に私たちが予報官と同じディスプレイを見て未来の空模様をイメージしたのであれば、両者の違いはほぼ無くなると言っても過言ではありません。

また、私たちは、専門の天気図や数値予報のアニメーションから、雲や雨のエリアの範囲、その拡大や縮小、通過のタイミングを読みとり、低気圧や前線の発生・発達・衰退・消滅・移動などの気圧配置の動向と関連付けながら未来の空模様をイメージしますが、予報官も天気変化の理由を気圧配置に求めつつ、数値予報から未来の空模様をイメージしているわけですから、その思考過程も大きく異なりようがありません。つまり、未来の空模様を読みとる作業自体が、両者の決定的な違いとはいえないのです。

一方、予報官は、数値予報に修正や補正を加えて、未来の空模様をイメージしていますが、私たちにそのようなことはできません。仮に数値予報に修正が加えられた場合には、気圧配置や降水量の計算値が変化し、それに伴って予報官が頭の中にイメージする未来の空模様も大きく変化することになります。つまり、予報官がイメージする未来の空模様と、私たちがイメージ

する未来の空模様の違いは、数値予報の修正や補正がなされた場合に、その限度で生じることになるのです。

　数値予報が発達した現在、数値予報のアニメーションなどの生の計算値を可視化する道具さえあれば、誰でも未来の空模様を簡単にイメージできるようになっています。このため予報官の存在意義は、気象学に裏打ちされた数値予報の知識や経験によって、数値予報を的確に修正・補正することにあると言い切る人もいるほどです。

3. 予報の作成過程をイメージすることの意味と方法

　予報官の真価が数値予報の的確な修正や補正にあるとすれば、いかなる修正や補正がなされたかを読みとること自体が、予報の作成過程をイメージすることを意味することになります。

　では、どのようにすれば数値予報の修正や補正の有無や、その内容を知ることができるのでしょうか。単純に考えれば、予報作成過程の最終製品である府県天気予報と、数値予報の生の計算値から私たちがイメージした未来の空模様を比較することが考えられます（前章まではこのように説明してきました）。しかし、府県天気予報は未来の空模様を文字情報として表現しているにすぎませんから、そのままでは私たちがイメージする未来の空模様と比較することは困難です。そこで、文字情報である府県天気予報を予報官の頭の中のイメージ＝「絵」に変換し、私たちの頭の中にある未来の空模様と、あたかもトレーシングペーパーを重ねるように考える工夫が必要になります。

```
数値予報 ➡ 機械的な解析 ➡ 未来の空模様
                          ? ↕ = 予報の作成過程
数値予報 ➡ 未来の空模様 ➡ 府県天気予報（文字情報）
     修正・補正・安全マージンの考慮
```

　この点、天気マークの予報を天気分布としてエリア分けし、予報官の頭の中にある未来の空模様を「絵」として推測した上で、府県天気予報によってその変化のタイミングを把握しました。さらに、天気概況や短期予報解説資料から府県天気予報が作成された根拠を読みとり、未来の空模様の模範解答としたはずです。したがって、先に模範解答とした未来の空模様と、私たち自

身が数値予報の生の計算値から読みとった未来の空模様を比較すれば、数値予報の修正や補正の存在を探しあてることができるはずです。

4. 予報の作成過程をイメージする具体的方法……天気

ここからは具体的な作業方法の説明に入りますが、府県天気予報の読み方にしたがって、天気、風、波の順番で説明をしていきましょう。

《全国の天気に関する予報作成過程をイメージする》

手を動かす作業は、パソコン画面上に天気マークの予報と府県天気予報、そして、各種の専門の天気図を並べ、数値予報のアニメーションを画面脇に開いて、それぞれの資料を見比べるだけのことです。ただ、複数の思考を繰り返す「総合的な判断」といえますから、作業内容をイメージしやすいよう、手順に沿って考えてみましょう。

●全国の天気マークの予報と
　降水量予想図を比較する

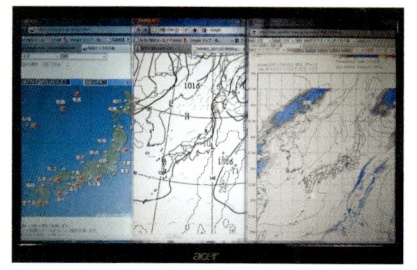

では、専門の天気図(湿数予想図と降水量予想図)から雲と雨のエリアを読みとり、全国の天気マークの予報から把握したマークの分布と比較してみましょう(いずれの読み方もすでに説明しました)。

沿岸を航海する私たちにとって問題になるのは雲より雨ですから、雨のエリアと傘マークの対応を重点的に比較して、雲のエリアと曇りマークの対応は、雨のエリアと関連させつつ大ざっぱに比較するだけで構いません(晴れのエリアは比較する必要はないでしょう)。

続いて、予報期間中に雨や雲のエリアに動き(移動)がある場合は、その地域に「のち」を表現するマークが付いていることを確認してください。これから雨が降るエリアには「のち　雨」マーク、雨が上がるエリアには「のち　曇り」あるいは「のち　晴れ」マークが付いているはずです(雨のエリアに動きがあっても、一日中降水が計算されているエリアには傘マークだけが付いているはずです)。

さらに、「のち」マークがついている地域の中で、これから雨が降る地域と雨が上がる地域をいくつかピックアップして、その地域の府県天気予報にも目を通してみましょう。雨のエリアが通過するタイミングについて、「昼過ぎ　から　夕方」とか「夕方　から　夜のはじめ頃」などと具体的に記載されているはずですか

ら、予報官がイメージした天気変化のタイミングを思い浮かべながら、専門の天気図から読みとったタイミングと比較してみます。この点、降水量予想図の雨のエリアは過去12時間の降水量ですから、同じ雨のエリアの中にあっても、早めに雨が上がってしまう地域とそうでない地域が混在してタイミングの判断が難しいと感じることも多いはずです。そのようなときは、数値予報のアニメーション（MSMモデルでかまいません）も参考にして、できるだけ詳しく天気変化のタイミングを比較してみましょう。

そして最後は、降水量が少なめに計算されている地域（降水量予想図の降水量ゼロの点線の内側）や雨のエリアの境界付近にあたる地域に、「一時」あるいは「時々」のマークが付いているかを確認します。

以上の作業と並行して雲のエリアと曇りマークの対応も比較すれば、全国の広い範囲に関して、予報官がイメージした未来の空模様と私たちがイメージした未来の空模様を比較したことになります。全国規模で天気分布を比較するわけですから、ここでは小さな県ひとつ分の範囲で雨のエリアと傘マークが対応していれば、両者は一致していると判断してよいでしょう。それでも、両者が明らかに異なっていると思われる場合や、一致するか否かの判断に迷った場合には、その天気分布に関して、数値予報が修正された可能性があるものとして記憶にとどめておきます。

手順はこれだけですが、全国すべての地域を漏れなく比較するのは困難ですし、その必要もありません。デイクルージングを主体とする私たちの一日の行動範囲はせいぜい60〜80マイルにすぎないのですから、全国を北海道、東北、関東甲信越、近畿、中国、九州などの大きなブロックに分けて、最寄りの地域と隣接する地域だけを重点的に比較して、他の地域は大ざっぱに目を通しておくだけでよいでしょう。

《最寄りの地域の天気に関する
予報作成過程をイメージする》

続いて、天気マークの予報を最寄り数県の表示に切り替えて、他の地域より細かく比較してみましょう（数県単位の天気マークの予報から天気分布を読みとる方法はすでに説明しました）。

● 全国の天気マークの予報と
　降水量予想図を比較する

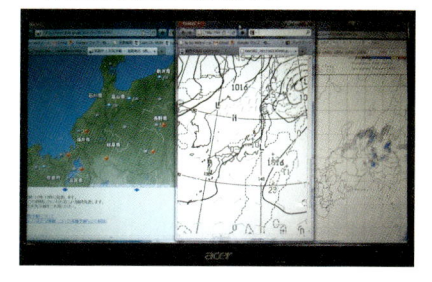

地域を拡大しても天気マークの分布は、あなたがイメージしている未来の空模様と一致しているでしょうか。もし疑問を感じるようであれば、数値予報のアニメーション（MSMモデルでかまいません）も参考にしつつ両者を比較してみましょう。

そして、仮に両者が異なっていると感じた場合でも、最寄りの地域と隣接地域の府県天気予報や天気概況に再度目を通してください。なぜなら、雨のエリアに傘マークが付いていない場合でも、予報文には「所により　雨」などと書かれている場合が多々ありますし、一時的な雨の予想が天気概況にだけ記載されていることがあるからです。

それでも「明らかな」違いがある場合、または判断に迷う場合には、その地域の予報作成過程において数値予報の修正があったことが考えられます。このような場合には、専門の天気図や数値予報のアニメーションも総動員して、どの程度違いがあるのかを可能な限り定量的に確認してください。例えば、「傘マークのエリアが、自分のイメージした未来の空模様より、予報の対象地域（一次細分）一つ分だけ西にズレている」など、違いの内容をできるだけ具体的に把握するわけです。

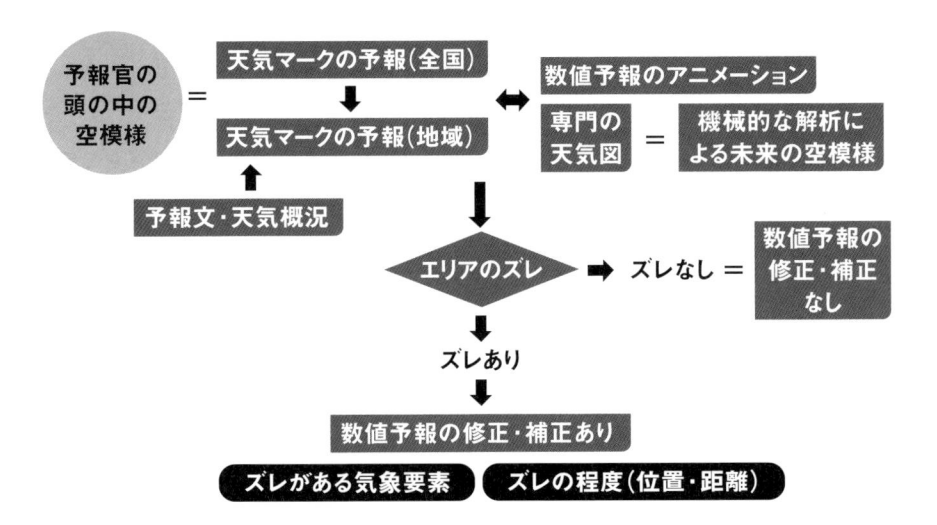

```
予報官の     天気マークの予報（全国）      数値予報のアニメーション
頭の中の  ＝                        ↔                         機械的な解析に
空模様       天気マークの予報（地域）     専門の    ＝  よる未来の空模様
                    ↑          ↓           天気図
        予報文・天気概況
                               エリアのズレ  →  ズレなし ＝ 数値予報の
                                    ↓                      修正・補正
                                ズレあり                       なし
                                    ↓
                        数値予報の修正・補正あり
                    ズレがある気象要素　　ズレの程度（位置・距離）
```

以上で天気に関する数値予報の修正の有無や程度、すなわち予報の作成過程をイメージしたことになりますが、修正の有無の判断は微妙なことも多いですし、自分の判断自体に不安を感じる方も多いと思います。しかし、たとえ判断を誤ったとしても、これから説明する「（天気が予想外に悪化した場合の）天気予報の別のシナリオ」の内容が多少変化するだけのことですから、航海の安全に不都合が生じることはありません。むしろ、このような作業をすることによって、府県天気予報の内容の理解は、今までとは比べものにならないほど深まるはずです。ですから、不安を感じることなく機械的に淡々と作業を進めていただきたいと思います。

なお、数値予報では計算されにくい補正すべき気象現象を私たちが予測し、未来の空模様に加えることは困難ですから、府県天気予報の記載をそのまま受け入れて、これらの現象を加える補正が存在したことを確認するに留めます。

5. 予報の作成過程をイメージする具体的方法……風と波

《風や波に関する予報の作成過程》

風の予報も、数値予報を基礎としつつ、地形や過去のデータ等を考慮した予報官の修正や補正を経て作成されています。したがって雲や雨と同じ方法で、修正や補正の有無を探し出すことができるように思えます。しかし、府県天気予報の読み方で説明したように、風の予報は、「場の風」を予想した予報と「頭上の風」を予想した予報が混在して、雲や雨のエリアのように統一的なエリア分けができません。では、どのようにして風の予報の作成過程をイメージすればよいのでしょうか。

予報官の頭の中にある未来の風の様子を想定しようとしたのは、風の予報の作成過程をイメージするためですから、風の予報を作成する予報官の思考過程にヒントがあります。

風が強い場合は「場の風」が優先し、風が弱い場合は海陸風などの「頭上の風」が優先することはすでに説明しました。予報官はまず、風速の強弱から「場の風」が優先するエリアと「頭上の風」が優先するエリアとをエリア分けします。その上で、風速が強く「場の風」が優先すると判断した場合には、「場の風」に地形の効果なども考慮して風の予報を決定します。一方、風が弱く「頭上の風」が優先すると判断した場合には、他の数値予報（MSM）や統計的な計算値、さらに過去のデータや地形の影響なども駆使して、海陸風等の局地的な風の

予報を決定しています。

したがって、予報官が数値予報に大きく手を加えるのは、「場の風」と「頭上の風」のいずれが優先するべきかという判断の場面だといえます。また、私たちが問題とするのは予想外の強風ですから、風の強さで判断が分かれるこの場面を想定しておけば事足りるといえます（風向風速の微妙な変化が重要になるレースでは足りるはずがありませんが）。そこで、私たちが風の予報の作成過程をイメージする作業も、この判断過程の存在と、その内容の確認ということになります（10m/s以上の海陸風が吹く場合もありますが、「場の風」のように無制限？に風速が強まることはありません）。

なお、波についても「場の波」と「最寄りの波」について風と同様の判断をしているはずですから、このまま具体的な方法の説明に進みましょう。

《風や波に関する予報作成過程をイメージする方法》

「場の風」「頭上の風」のいずれが優先するかという判断の場面は、府県天気予報の読み方と同様、風予想図（降水量予想図と同じ図でした）から読みとった「場の風」と、府県天気予報の風の予報を見比べることで、その存在と内容を知ることができます。

例えば太平洋高気圧に覆われた真夏の日本海で、風予想図から読みとった「場の風」が高気圧から吹きだす南西風であるにもかかわらず、府県天気予報には「日中」北よりの風が吹くことが予想されていた場合には、予報官は南西の「場の風」よりも「頭上の風」が優先すると判断し、北よりの海風が吹くことを予想したことがわかります。

もっとも、「頭上の風」を優先したように見える場合であっても、局地的な地形の影響を考慮した結果、「場の風」の風向を修正したにすぎないとも考えられます。そこで、周辺数県の府県天気予報にも必ず目を通して、周辺の気象台の予報官が、「場の風」と「頭上の風」のいずれを優先させているかを確認します。

また、風は湾の形や半島の存在などの地形の影響を受けやすいため、海陸風といえども必ず海岸線に対して直角に吹くものではありません。もし、府県天気予報の風向だけで「場の風」と「頭上の風」の判別ができない場合には、予報文の中に「日中」という文言とともに海の方向からの風が予想されていることや、気象庁が発表している時系列予報、あるいは民間気象会社のピンポイント予報に、日中の時間帯だけ海からの風が予想されていることも参考にします。

```
「場の風」「頭上の風」いずれを優先？
┌─────────────────────────┐        ┌─────────────────────────┐
│ 風予想図で「場の風」を把握する │ ⇔ │ 予報文で「頭上の風」を把握する │
└─────────────────────────┘        └─────────────────────────┘
                                         ↕
                              ┌──────────────┐   ┌──────────────┐
                              │ 隣接地域の   │ ⇐ │ 時系列予報   │
                              │ 予報文も読む │   │ ピンポイント予報 │
                              └──────────────┘   └──────────────┘
                                         ↑
                                   ┌──────────┐
                                   │「日中」の文字 │
                                   └──────────┘
```

なお、波の予報については、沿岸波浪予想図の波高と府県天気予報の波高を比較して、沿岸波浪予想図の波高をそのまま採用しているのか、高低いずれに修正しているのか、ということを読みとります。東京湾や瀬戸内海などの外洋の影響を受けにくい場所では、常に低めの波高が採用されているはずです。

```
「場の波」「最寄りの波」いずれを優先？
┌─────────────────────────────┐        ┌─────────────────────────┐
│ 沿岸波浪予想図で「場の波」を把握する │ ⇔ │ 予報文で「最寄りの波」を把握する │
└─────────────────────────────┘        └─────────────────────────┘
```

6. 予報の作成過程の理由を考えてみる

　以上で、数値予報の修正と補正を主体とする予報官の予報の作成過程をイメージしたことになりますが、あくまで修正や補正の存在と内容を機械的に読みとったにすぎません。私たちが数値予報の修正や補正の理由を完全に理解することは困難ですが、それでも可能な限りその理由を理解しておくことは、予報の確からしさを考え、天気予報の別のシナリオを考えるためには非常に重要なことです。この点、予報官が数値予報に修正を加えたとき、多くの場合短期予報解説資料には、修正の有無やその根拠が記載されています。ですから、予報の作成過程をイメージした後は再度これに目を通して、数値予報の修正の有無と修正がある場合にはその理由を考えていただきたいと思います。

　さて、予報の作成過程をイメージするために、予報官の頭の中にある（と思われる）未来の空模様と、私たちがイメージした未来の空模様を比較したわけですが、たぶん多くの方の本音は「専門の天気図から読みとった天気分布や風の様子は、府県天気予報や天気マークからイメージしたものとほぼ一致しているけれど、微妙に異なる気が

する」というところだと思います。もちろんそれで構わないのですが、最寄りの地域に関しては、両者が微妙に異なるとしても、「何が」「どの程度」異なるのかということと、「専門の天気図や数値予報のアニメーションから読みとった最寄りの地域の未来の空模様はどうなっているのか」ということだけは、可能な限り具体的にイメージしておいてください。それが、次章で説明する「天気予報の確からしさを把握する」こと、すなわち「天気予報の別のシナリオ」を想定するための重要な情報になるからです。

7章

予報利用学の方法論3
……天気予報の確からしさを把握する

7章 予報利用学の方法論3……天気予報の確からしさを把握する

1 天気予報の確からしさを把握するための考え方

　予報利用学の最終目的である「天気予報の確からしさを把握する」ことは、予報作成過程の中から、予報官がいずれの空模様のシナリオを選択すべきか迷った場面を見つけ出し、予報として採用しなかった別のシナリオを想定するということでした。

　当たり前のことですが、「どちらかを選ばなくてはならない」という選択肢のある判断をする場合、いずれの選択肢も甲乙付けがたいときは誰でも迷いを生じます。それが、当たりはずれの批判にさらされる天気予報の作成過程の判断であれば、予報官といえども迷わない人のほうが少ないでしょう。そんな場面でも、予報官は卓越した気象の知識と経験に基づいて冷静に判断を下して高い的中率を維持しているわけですが、シナリオの選択に迷ったあげく、不本意ながら誤った判断をしてしまうこともないとはいえません。

　そうすると、前章でイメージした予報の作成過程の中から、選択肢のある判断を探し出し、その判断が甲乙付けがたい悩ましいものであったかを考えれば、予報官が迷った場面を探し出すことができ、選ばれなかった選択肢も知ることができるはずです。

　迷った場面というと、気象学や数値予報の理論を駆使しなくてはならない複雑な場面を想像されるかもしれませんが、判断を下すにあたって難しい理論が必要になるとしても、それは判断を下すまでの思考過程のことです。判断そのものは降水量予想図の雨のエリアが予報対象地域にかかるのかどうかという単純なものがほとんどですから、私たちでも選択肢のある判断の存在を探し出し、選択肢の内容を知ることが可能です。また判断の登場場面を観察することで、甲乙付けがたい判断であったことを推測することも不可能ではありません。

　それでは、予報の作成過程の中で迷う可能性がある場面をパターン化して、天気予報の確からしさを把握する方法を説明したいと思います。

7章 予報利用学の方法論3……天気予報の確からしさを把握する

2 天気予報の確からしさを把握するための視点と方法

1. エリアの決定

《迷いを生じる場面》

　専門の天気図に限らず非常にリアルに見える数値予報のアニメーションを使う場合でも、雨や曇りのエリアの範囲を決定する際には迷いが生じるものです。先に晴れマークが並ぶエリアのど真ん中に位置する気象台の予報官は自信を持って予報を作成しても、傘マークのエリアが近くにある気象台の予報官は、雨のエリアの影響を予報に反映すべきか否か迷った可能性があるという説明をしましたが、専門の天気図や数値予報のアニメーションでも同じことがいえます。

　例えば、降水量予想図から雨のエリアを読みとる場合、最寄りの地域に雨のエリアがギリギリまで迫っていたら、どのような判断をすればよいのでしょうか。雨のエリアまでの距離が計算値の誤差の範囲内であれば雨の可能性も考えなければなりませんが、誤差を考慮できない私たちは、専門の天気図をそのまま読みとって、雨は降らないと判断するしかありません。私たちは、降水量予想図に描かれている線の太さの範囲で悩むことはあっても、雨が降る可能性で迷うことはない（できない）のです。

　この点、予報官は、雨の原因は数値予報が得意とする現象なのか否か、地形の影響から雨のエリアの誤差をどの程度見積もるべきかということを考慮して、最も「確からしい」判断を下すことができます。ですから、雨のエリアが最寄りの地域にかかっていなくても、雨のエリアを拡大して解釈すべきと判断すれば、雨マークの予報を作成したり、晴れマークを指示しながらも予報文に「所により　雨」という文言を加えることになります。これは地方気象台の予報官による数値予報の修正の一場面といえますが、同時に予報官が数値予報を修正すべきか否かの判断に迷う（迷ったかもしれない）場面ともいえます。このように、気象現象のエリアを決定する場合、最寄りの地域がエリアの境界付近に位置するときは、一般的に判断の迷いが生じます。

　ちなみにこの場合、予報官が雨の

予報を作成したのであれば、予報官に選択されなかった「天気予報の別のシナリオ」は、私たちが判断した雨は降らないというシナリオになるはずです。

《天気予報の確からしさを判断するための視点》

上記の例は、「予報官が数値予報に手を加えた場合」であり、選択されなかった天気予報の別のシナリオは「予報がはずれたときに天気が好転する場合」として一般化することができます。

一方、予報官が私たちと同様「雨は降らない」という予報を作成したのであれば、それは「予報官が数値予報に手を加えなかった場合」といえます。そして、選択されなかった天気予報の別のシナリオは、傘マークあるいは「所により　雨」ということになりますから、「予報がはずれたときに天気が悪化する場合」といえるでしょう。

こう考えると、予報官が判断に迷う場面は、予報官が数値予報に手を加えた場合とそうでない場合、さらに予報がはずれたときに天気が好転する場合と悪化する場合を組み合わせた四つのパターンとして分類することができます。

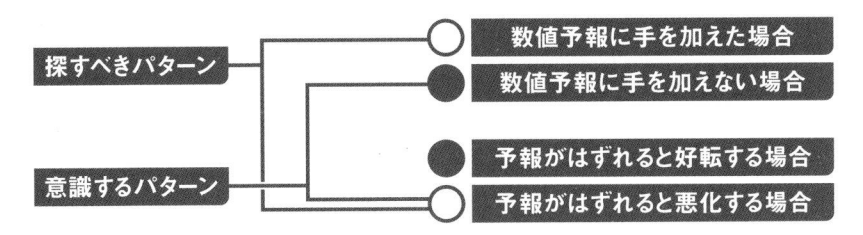

探すべきパターン	数値予報に手を加えた場合
	数値予報に手を加えない場合
意識するパターン	予報がはずれると好転する場合
	予報がはずれると悪化する場合

予報官が判断に迷う場合として考えなくてはならないパターンが多いように思えますが、私たちが天気予報の確からしさを考えるのは、予報がはずれて天気が悪化する場合を想定するためですから、「予報がはずれたときに天気が悪化する場合」だけを考えればよいことになります。覚悟の上の出港をしてラッキーな晴天に恵まれる場合まで考える必要はないのです。

また、スーパーコンピューターの進歩によって数値予報の精度が格段に高まり、数値予報が苦手としている気象現象や、数値予報と実況の食い違いを補うことが主な役割になっている予報官の立ち位置を考えると、安定した数値予報をそのまま採用しようと考えた判断よりも、生の数値予報に何らかの疑問を感じて「数値予報に手を加えた場合」を優先的に検討すべきといえます。

したがって、四つの組み合わせのうち、「予報官が数値予報に手を加えた場合」で、「予報がはずれたときに天気が悪化する場合」を検討し、「予報官が数値予報に手を加えない場合」で「予報がはずれたときに天気が悪化する場合」については、数値予報がはずれた場合のシナリオとして意識するに留めておきます。言い換えれば、最寄りの地域の府県天気予報が、数値予報に修正を加え、悪天を好天に修正している場面だけを考えればよいということです。

この場合、予報官の判断と私たちの判断が異なるのが原則ですから、予報作成過程をイメージする際に、比較的簡単に気付くはずです。

《迷っていたのか？　迷っていなかったのか？》

気象現象のエリアを決定する場合、最寄りの地域がエリアの境界付近に位置するときは境界を決定する判断に迷いが生じるとしても、どの程度境界に接近していれば予報官に迷いが生じるといえるのでしょうか。

この点、数値予報を修正することができる知識を備え、エリアの境界を見定める経験を積み、予報官と同じ資料を手に入れることができるならば、迷いの場面を疑似体験することができます。しかし、そんなことができるのは、せいぜい民間気象会社で独自予報の作成に従事している気象予報士くらいのものです。たとえ気象予報士でも、専門の天気図や数値予報を毎日解析して、数値予報の誤差の傾向などに注意を払っていなければ疑似体験などできるはずがありません。

ですから、最寄りの地域（航海エリア）の府県天気予報の予報区（一時細分区域）の境界付近に気象現象の境界が位置する場合には、予報官に迷いがあったと決め打ちします。これは私の経験上の目安ですが、府県天気予報の予報区は地域の気象特性を考慮して区分けされていることもあって、予報がはずれるときは、予報区ひとつ分ほど気象現象のエリアにズレが生じることが多いからです。

以上まとめてみると、最寄りの地域（一時細分区域）の境界付近に、気象現象のエリア（実際は雨のエリアと強風のエリアに限られてくるはずです）があるときは予報官に迷いが生じていると考え、その予報が私たちのイメージする未来の空模様と異なる場合（数値予報に手を加えたとき）には、「予報がはずれたときに天気が悪化する場合」であるときに限って、私たちのイメージする未来の空模様を、天気予報の別のシナリオとして想定することになります。

●天気マークの予報と雨のエリアの境界の関係（兵庫県南部の予報に着目）

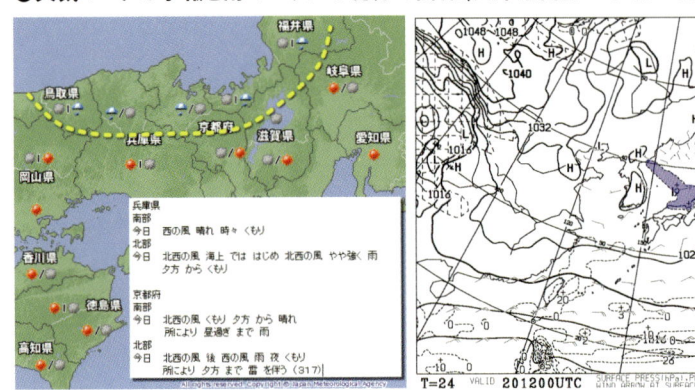

2. タイミングの決定

《迷いを生じる場面》

　気象現象のエリアの決定をしても、そのエリアが時間とともに移動して最寄りのエリアを通過する場合には、そのタイミングを考える必要があります。この点、梅雨前線や秋雨前線、動きの非常に遅い低気圧の雨域の変化は、対象時間の異なる予想図でエリアを決定し、両者を単純に内挿（補間）することで比較的容易に考えることが可能です。

　しかし、寒冷前線の通過に代表される動きの速い気象現象については、時々刻々と変化するエリアの位置をきめ細かく決定し、最寄りの地域を通過していく時刻を読みとる必要があります。このとき、エリア自体も常に変化しているはずですから、これも考慮しなくてはならないことを考えると、タイミングの決定の難しさはエリアの決定の比ではないことがわかります。

　このように、タイミングの決定は、高度な技術を必要とするだけに迷いが生じやすい場面といえますから、予報利用学ではタイミングの判断すべてを迷いが生じる場面として考えます。

《別のシナリオを考える方法》

　タイミングの決定についても、天気予報の別のシナリオを考えることになりますが、私たちが別のシナリオを考える必要があるのは、予報がはずれて予想外に早く悪天になる場合に限られます。というのも、予想外に回復のタイミングが遅くなったとしても、そもそも航海可能な悪天の中を出港したわけですから、単に我慢の航海が長引くだけですし（これも辛いものがありますが）、

早く回復する場合や遅く悪天になる場合は、むしろ歓迎すべきことだからです。

○ 予想外に早く悪天になる
● 予想外に早く回復する
● 予想外に遅く悪天になる
● 予想外に遅く回復する

そうすると、タイミングの決定において、天気予報の別のシナリオを考える必要があるのは、悪天に変化するタイミングを予報官が遅めに修正していると思われる場合に限られます。そして、私たちが専門の天気図や数値予報のアニメーションから読みとった天気変化のタイミング（予報より早めのタイミング）を別のシナリオとして想定することになります。

《風や波の変化のタイミング》

すでにお気づきの方もいらっしゃると思いますが、風予想図から風の様子を読みとる方法を説明したときも、予報の作成過程をイメージする方法の解説の中でも、風向や風速が変化のタイミングについてはほとんど触れませんでした。

というのも、広い範囲を表示している風予想図を使って、地域（府県天気予報の一時細分区域）レベルの変化のタイミングを読みとるには熟練を要するということ、そして、府県天気予報の文言には多くの場合「のち」という抽象的な表現しか使われておらず、府県天気予報から風の変化に関する予報の作成過程をイメージすること自体が困難といえるからです。

しかし、風や波の変化のタイミングは非常に重要な情報ですから、これを避けて通るわけにはいきません。そこで予報利用学では、風予想図と府県天気予報に足りないものを補うことで以上の困難を解消します。

まず、風予想図は数値予報のアニメーションで補い、数値予報のアニメーションから最寄りの地域の風向風速の変化のタイミングを読みとります。

この点、風予想図はGSMモデルという数値予報ですが、一般に入手することができ、船上でも利用でき、出所の明らかな数値予報のアニメーションはMSMモデルという数値予報しかありません（すでに説明しました）。したがって、性格の異なる両数値予報を併用することは原則としてできませんが、地域的な風の予報の作成に関しては、近年MSMモデルが多用されているようですから、例外的に数値予報のアニメーションを主役として使用します。

一方、府県天気予報の足りない文言は、気象庁発表の地域時系列予報で補って、そこから風向風速の変化のタイミングを読みとります。

●気象庁発表の地域時系列予報

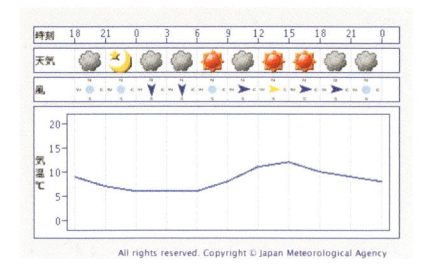

地域時系列予報は予報文を作成した予報官が同じ予報作成システムを使って作成していますから、その内容は府県天気予報と完全に整合がとれています。また、きわめて局地的なピンポイント予報とは異なり、府県天気予報と同じ一時細分区域の代表的な風向や風速を表示していますから、府県天気予報を補完する情報としてそのまま利用することが可能です。

そうすると、地域時系列予報から読みとった風（風向や風速）の変化のタイミングが予報官の頭の中にある未来の「風模様」にあたり、数値予報のアニメーションから読みとった風の変化のタイミングが私たちのイメージする未来の「風模様」になりますから、両者の違いが数値予報の修正の存在を示すことになります。

そして、地域時系列予報から読みとったタイミングが、数値予報のアニメーションから読みとったタイミングより遅いと判断される場合には、数値予報のアニメーションから読みとったタイミングが、予報官によって選択されなかった別のシナリオになるはずです。

なお、風とリンクする波の予報に関しては、原則として風が強まるタイミングで波高が高まると考えておけばよいでしょう。

3.程度の決定
《迷いを生じる場面》

降水量予想図上の雨のエリアといっても、前も見えないような雨もあれば霧雨のような雨もあります。また風予想図から読みとる風速にしても強い場合と弱い場合がありますが、予報としてこれらをどのように見積もるのかという判断にも迷いが生じるはずです。

この点、私たちが避けたいのは、予報がはずれて予想外の強風に見舞われてしまうことです。予想外の強風はプレジャーボートにとっては最も恐ろしい現象と言っても過言ではありませんから、予報利用学では、予報官がその判断に迷おうが迷うまいが、次善の策がとれるよう、風速に関しては必ず別のシナリオを想定しておくべきと考えます。

もちろん、予想外の大雨になることも嬉しくはありませんが、視界障害をのぞいて雨だけで遭難したという話は聞

いたことがありませんから、雨量の見積もりの確からしさまで検討する必要はないでしょう。

《別のシナリオを考える方法》

風に関しては、風速に応じて「場の風」と「頭上の風」という2段階の予報の作成過程をイメージしました。

まず、風速が強い場合には、風予想図から読みとることができる「場の風」が優先しますから、府県天気予報の風速（三つの用語が具体的な風速で定義されていたはずです）が、風予想図から読みとった風速より弱い場合に、後者の風速を別のシナリオとして想定します。もちろん、両者の風速が同じであっても、それ以上の強風が吹く可能性はありますが、エリアの決定の場合とは異なり、悪化する場合の風速を想定することができませんから、検討の必要はありません。

他方、風速が弱い場合には「頭上の風」が優先しますから、別のシナリオは「場の風」になります。このときの「場の風」の風向は風予想図から読みとった風向になる可能性が高いといえますが、風速に関してはすでに弱いと判断されているわけですから、海陸風の風速の上限付近、10m/s程度を想定しておけばよいでしょう。

（海風が風速の上限付近まで吹きあがることはあっても「場の風」になることは経験上ほとんどないと思います）

なお、「頭上の風」が時間とともに「場の風」に変化することもありますから、程度の決定はタイミングの決定と密接に関係しているといえます。しかし、このような変化の多くはタイミングの決定の中で検討されるはずですから、ここでは予報期間中「頭上の風」が優先するとした判断（ほとんどは海陸風の予測になります）について、別のシナリオを考えることになります。

4.大きな修正の決定

数値予報の大きな修正が行われる場合は、数値予報自体が不安定になっているということですから、あらゆる場面で予報がはずれやすくなっており、予報官の修正作業にも大きな迷いが生じます。

したがって、予報の作成過程をイメージするとき、「明らかに」修正がなされていることを読みとることができ、さらに短期予報解説資料にも数値予報の修正の内容が記載されている場合には、天気、風、波のいずれの気象要素についても、「予報がはずれたときに天気が悪化する場合」の空模様を、天気予報の別のシナリオとして想定しておく必要があります。

7章 予報利用学の方法論3……天気予報の確からしさを把握する

3 天気予報の確からしさを考えるコツ

いくつかのパターンを挙げて、予報の作成過程のイメージから、天気予報の別のシナリオを想定する方法を説明してきましたが、いずれのパターンも本来は密接に関連していますから、「総合的に判断する」というのが正しい説明といえます。ただ、「総合的に判断する」といっても何をすべきか理解していただけないので、無理を承知で四つのパターンにまとめてみたわけです。

ですから、「予報官はこの場面で判断に迷ったのではないだろうか？」「判断が誤っていたらどんな空模様になるのだろうか？」という疑問さえ持って予報の作成過程を考えることができるのであれば、どのような方法でも天気予報の別のシナリオを想定することができるはずです。

例えば、いちいち予報の作成過程をイメージしなくても、降水量予想図から雨のエリアを読みとる段階でエリアの決定に悩んだら、すぐさま府県天気予報を読み直すことで、予報官の考え方や迷い、そして別のシナリオを思い浮かべることができるはずです。

また、天気概況や周辺各地の府県天気予報に西から風が強まることが予想されていたのであれば、風予想図から風の様子を読みとりながら府県天気予報との違いを把握して、そのまま別のシナリオを想定することも可能です。

このように、天気予報の確からしさを考えるということは、予報の作成過程をイメージするための一連の作業に共通する考え方といえます。そして、作業の最初から考えていたほうが別のシナリオをより深く考えることができ、かつ効率的といえます。ですから、府県天気予報を読むにあたっても、専門の天気図を見るにあたっても、常に比較と疑問の目を持って予報官の心模様を考えるのが、天気予報の確からしさを考えるコツといえるでしょう。

また、エリアの決定のように、気象学とは一見無関係と思われる判断によって、予報が大きく変化することもあるわけですから、気象の知識に乏しくとも尻込みすることなく、予報官が迷う場面を探し出していただきたいと思います。

7章 予報利用学の方法論3……天気予報の確からしさを把握する

4 効率的な作業方法

　以上で天気予報の確からしさを把握し、予報利用学のすべての作業を終えたことになりますが、やるべきこと、考えるべきことがあまりに多く、とてもやっていられないと思われたはずです。こう思われるのも当然で、説明した私でもこれだけの作業をするのであれば、出港時間が優に1時間は遅れてしまうでしょう。

　本書では、観測データや天気図の使い方などを説明する都合上、必要不必要の関係なしに予報利用学で利用する情報をすべて取り上げましたから、状況に応じて必要とされる情報だけを綿密にチェックすれば時間は大幅に短縮されます。例えば、天気マークの予報や府県天気予報を読んで、最寄りの地域に雨や強風の可能性がまったくなければ、わざわざ降水量予想図や風予想図を読み込む必要はありませんし、それにまつわる天気予報の別のシナリオを考える必要もなくなります。

　また、あらかじめ古い情報をチェックしていたのであれば、新しい情報と古い情報の違いを探すだけで済みます。すでに直前までの空模様の動向は把握されているはずですから、過去にさかのぼった気象要素の動向把握も不要になって、ますます時間は短縮されます。つまり、出港数日前から情報のチェックを始めておけば、航海中の作業は少なくなるということです。

　さらに本書では、すべての気象要素について実況の把握を行い、改めてすべての気象要素について予報の把握を行うという手順を説明しましたが、思考の流れが途切れないよう、問題となりそうな気象要素だけを実況から予報まで一気にチェックしてしまうことも可能です。そして、このような方法をとることで、必要な情報が絞り込まれ、さらなる時間短縮につながることもあります。

- 必要な情報だけを重点的にチェックする
- 出航数日前からチェックを開始する（繰り返しの重要性）
- 問題のある気象要素だけ先にチェックする

→ 効率的な作業方法
　↓
　自分に最適な方法へ

このように、気象情報のチェックは必要に応じて様々な方法で行うことが可能です。また、繰り返せば繰り返すほど早く正確になっていきます。そして、繰り返すことによって何度も予報と実況の差を体感することになり、天気予報の確からしさを感じ取る目も養われます。ですから、本書の説明にこだわらず、天気予報の確からしさを把握するという目的を実現するために、自分に最適と思われる方法を模索して、繰り返してみてください。

8章

予報利用学のための道具1

……使用上の注意点と入手方法

8章 予報利用学のための道具1……使用上の注意点と入手方法

1 気象情報を使用する上での注意点

　様々な気象情報の原理や使い方を淡々と解説していくという無味乾燥な説明の仕方を避けるため、予報利用学の方法論から先に説明しました。このため、登場してきた気象情報の解説は、予報利用学の方法論を説明するための必要最小限度のものにすぎませんでした。

　ここからは、個々の気象情報の使い方を説明していきますが、その前提として、インターネット上に溢れる無数の気象情報に溺れないための注意点や、気象情報の入手方法について説明しておきたいと思います。

1. 実況と予測を明確に区別する

　まずは、実況と予測という言葉について再確認しておきたいと思います。というのも、実況と予測の使い分けに混乱している方が驚くほど多いからです。例えば、気象講習会で実況の天気図をお見せすると、予想天気図と勘違いして天気分布を読み取ろうとする方がかなりいらっしゃいます。また、遠い昔にラジオの通報を聞きながら書いた天気図について、それが実況天気図なのか予想天気図なのかと問いかけると、すぐに実況天気図だと答えられない方が意外と多いのです。

　それだけ多くの方が、実況と予測の区別に無頓着だということですが、実況と予測を常に明確に区別していないと、実況から予測へと思考を進めていくときに思わぬ失敗を犯すことになります。

　例えば、過去の話と現在の話を交互に聞かされると頭の中が混乱してしまうものですが、気象情報を使いこなすということは、まさに過去から未来にわたる様々な情報を行き来することを意味します。したがって、気象情報を使うこと自体混乱を生じやすい作業といえますし、予報利用学では、はじめてご覧になるような専門の気象情報を多用しますから、なおさら過ちを犯しやすいといえます。

　そこで、実際に気象情報を使う上でも、ここからの説明を読み進めていただくにあたっても、気象情報が実際に

観測されたデータに基づいた実況なのか、それともコンピューターや予報官の頭の中で作られた予測なのかを、確認するクセを付けていただきたいと思います。

　私は、毎日天気図をチェックしていますが、特に多くの資料を検討するときには、実況の気象情報については「実況」、数値予報や専門の天気図については「予測」、予報官が作成した予報については「予報」というように言葉を使い分け、さらに「実況が○○で……予測では△△になる。……だから予報は××になっている」などとブツブツ言いながらチェックするようにしています。恥ずかしながら失敗に基づいて実践している方法なのですが、こんな単純なことを守るだけでも誤りを防止できますし、現在から未来への空模様の変化の整理もできますから、だまされたと思って試していただければと思います。

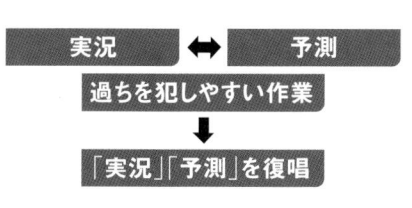

実況 ⇔ 予測
過ちを犯しやすい作業
↓
「実況」「予測」を復唱

2. 発表時間と対象時間を確認する

　どんな情報にも発表される時間というものがあるように、気象情報にも発表時間があります。

　また、気象情報の場合には、観測時間、初期時間、対象時間（期間）というものが存在します。この三つの時間は気象情報すべてに関係する重要な時間ですから、ここでしっかり整理しておきましょう。

　観測時間は、その名の通り実際に観測が行われた時間を指しますが、観測したデータは処理を必要としますから、観測時間イコール発表時間ではありません。例えば実況天気図などは、観測値をもとに作図をしなくてはなりませんから、観測時間と発表時間のタイムラグは2時間以上になります。他方、衛星画像やアメダスなどは観測値をコンピューターで処理してそのまま自動的に配信されますから、発表時間までのタイムラグは長くても20〜30分程度です。このように、直近の実況を知りたい場合でも、情報の種類によって、私たちが目にすることができる時間は異なるということを覚えておいてください。

　次は初期時間ですが、これは予測について用いられる用語です。すでに説明したように、数値予報は、スーパーコンピューターに観測値を入力して仮想の地球を作り上げ、地球を高

速回転させることで作られますが、初期時間は仮想地球を作るために入力した観測値の観測時間を意味します。したがって、直近の初期値に基づいて計算した予想天気図のほうが新しく、多くの場合精度も高くなります。なお、数値予報は、使用されるプログラムの種類と初期時間によって、○月○日12時（世界標準時）初期時間のGSM（プログラム名）などと命名されて、古い計算値と間違われないよう区別されます。

最後は対象時間ですが、これは予測される時間（帯）を意味します。○月○日09時（世界標準時）などと、具体的な対象時間（対象日時）を表示する場合や、T=24（24時間後）、T=48（48時間後）などと、初期時間からの対象時間までの時間で表示する場合があります。

天気図の時間表示	=	観測時間	データが観測された時間
		初期時間	数値予報の計算の基礎となる観測値の観測時間
		対象時間	予測値の時間

以上三つの時間は、使うべき天気図を区別する名前のようなものですから、読み方については早く慣れていただきたいと思います。

なお、天気図にこれらの時間が表示される場合、特に日本時間（JST）と明記されていない限り、世界標準時（UTCあるいはZ）で表示されます。したがって、日本時間に換算するには、9時間をプラスしなくてはなりません。00Z（UTC）なら日本時間午前9時、12Z（UTC）なら日本時間午後9時です。

| 世界標準時（UTC・Z） | ＋ | 9時間 | ＝ | 日本時間 |

3. 文字情報と図の情報の優先順位

気象情報は実況と予測に分類することができますが、文字情報と図の情報にも分類することができます。文字情報の代表的なものは「府県天気予報」ですが、その他に「天気概況」や「注意報」「警報」などがあります。他方、図の情報は、実況天気図や予想天気図など紙媒体を予定したものや、レーダー画像や衛星画像、数値予報のアニメーションなど、原則としてコンピュー

ターでの表示を予定したものなど多種多様にわたります。

　文字情報の多くは図の情報をもとにして、気象庁の予報官という人間が一定の解釈を加えて発表するものですから、いわば気象情報の最終製品あるいはそれに近いものといえます。これに対して図の情報は、文字情報を作るための設計図や資料ということができます。したがって、数値予報のアニメーションや分布予報、その他ピンポイント予報などと呼ばれている予報の多くは、計算結果をそのまま表示したものですから、予報作成の設計図や資料といえる図の情報に含まれることになります。

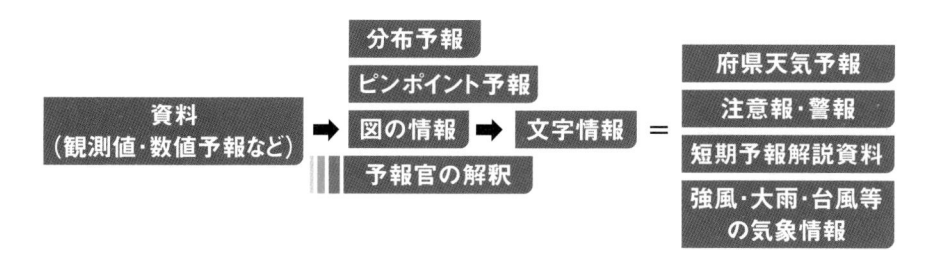

資料（観測値・数値予報など）→ 図の情報 ／ 予報官の解釈 → 文字情報（分布予報／ピンポイント予報）＝ 府県天気予報／注意報・警報／短期予報解説資料／強風・大雨・台風等の気象情報

　テレビやインターネットの天気予報サイトでは、天気予報の最終製品である府県天気予報を補足するという目的で、天気図や計算値が使われていますが、数値予報のアニメーションやピンポイント予報などは、一目で空模様のイメージをつかみやすいため、最近では府県天気予報には目もくれず、もっぱらこれらを見ているという方が多くなっているように感じます。しかし、それが本末転倒であることはご理解いただけたと思いますから、数値予報のアニメーションばかりを見ていたという方は、予報利用学を実践することを機に、考え方を改めていただきたいと思います。

8章 予報利用学のための道具1……使用上の注意点と入手方法

2 気象情報を入手する方法

1. インターネットと携帯電話

次に、予報利用学の実践に適した情報の入手方法について考えてみましょう。

予報利用学は、インターネットによって専門の天気図や数値予報のアニメーションを入手できることを前提にした考え方です。

週末や夏休みクルージング、そして日本一周をはじめとする長期航海も、結局はデイクルージングの積み重ねですから、よほどの離島に出かけるのでなければ、その航行エリアには携帯電話の電波が届きます。また、停泊するのは漁港かマリーナでしょうから、ほぼ確実に電波が届くでしょう。ここ十数年、日本一周をされた多くの方とお話をさせていただく機会が何度もありましたが、今ではほとんどの方が携帯電話やデータ通信端末を使ってノートパソコンをインターネットに接続し、気象の情報入手やブログの更新をされていました。

近年では高速データ通信機能を内蔵したタブレット端末やスマートフォンが急速に普及していますから、これらによって気象情報を入手している方も多いと思います。予報利用学では、多くの気象データを比較するため、天気図や数値予報のアニメーションをいくつも同じ画面に表示しなくてはなりません。そうすると、スマートフォンの画面では少々小さすぎ、操作上も難があります。また、タブレット端末も画面の大きさがそれほど大きくありませんから、快適な処理能力がある機種をお使いになっても、快適に気象情報を見比べることはできないかもしれません。私自身も、本書の執筆にあたって、電器店で様々な端末に専門の天気図を表示させて試してみましたが、画面の大きさの点で、いま一つという感じがしています。

その点、15インチ前後のノートパソコンは、画面が大きく予報利用学の目的を十分に満たしてくれる大きさですし、今では比較的安価に入手できるようになっています。今後、使い勝手の良いモバイル端末が出現するかもしれませんが、船上で予報利用学をお試しになるのであれば、可能な限り大きな画面のノートパソコンを用意されるとよいでしょう。インターネットに接続

して、天気図や比較的軽いアニメーションを表示させるだけですから、スマートフォンなどをバックアップにすることを前提に、ご家庭に眠っている古いノートパソコンをメンテナンスして船上専用にされるのもよいかもしれません。

なお、ネットブックと呼ばれる10インチ前後の小型のノートパソコンも出回っていますが、タブレット端末同様、画面の大きさで不十分という気がします。

予報利用学 ＝ 複数の情報を比較して判断
↓
同時に複数の資料を表示できる端末
スマートフォン ＜ タブレット端末 ＜ ネットブック ＜ 大画面ノートパソコン
バックアップ 即時性 ＞

2. ラジオ・テレビ

《ラジオの天気予報を聴く理由》

予報利用学においては、ラジオの天気予報もノートパソコンに勝るとも劣らないほど重要な気象情報の入手手段といえます。

ラジオの天気予報が伝えている気象情報は府県天気予報が中心ですし、ゆれる船内で描いた漁業気象通報の天気図も実況天気図です。したがって、ラジオから得られる情報はすべてインターネットを使って入手することができますから、今さらラジオの天気予報など聴く必要はないと思われるかもしれません。しかし、あえてラジオの天気予報を聴く必要があるのは、気象予報士による解説があるからです。

解説なら、気象庁発表の天気概況や短期予報解説資料を読むことで足りると思われるかもしれませんが、時として天気概況の内容が不十分に感じる場合もありますし、短期予報解説資料を十分に理解できない場合もありえます。このようなとき、（天気概況を読むだけのダメ気象予報士の解説でない限り）気象予報士によるラジオの解説を聴くことで、不十分な解説を補い、難解な気圧配置を整理することができます。

また、同じ下り坂の気圧配置でも、「次の低気圧が近づく」と表現することも「高気圧が遠ざかる」と表現することもできるように、ラジオの解説を聴くことで、自分では気付かなかった別の視点や見落としている点を確認することもできます。

特に予報利用学では、インターネット上の気象情報を使いますから、どうして

も独りよがりの判断になりやすく、わからないことには目をつぶってしまいがちです。それを修正してくれるのがラジオの天気予報なのです。

また、重要な決定は誰かに相談したくなるものですが、ラジオの解説が出港判断の背中を押してくれる良き相談相手になることもあるはずです（本州周航中、私も毎日ラジオの声に相談していました）。

良き相談相手？
＝
インターネット上の気象情報による判断 ← ラジオの天気予報番組の解釈
独善的な解釈　誤った解釈　見落とし　異なる視点　噛み砕いた説明　補足

《ラジオでなければならない理由》

ただ、なぜラジオの天気予報でなければならないのでしょうか。

ラジオの天気予報の解説は、空模様までイメージさせてくれる素晴らしい解説もあれば、言いたいことがまったくわからないものまで玉石混交です。しかし、テレビの天気予報番組や、インターネットの天気予報に付属しているオマケのような解説と比較すると、総じて優れたものが多いといえます。

一方、テレビの解説は、解説用の画面を作る手間がつきまといますから、必要最小限度の解説しかしないという暗黙のルールがあります。また、画面いっぱいに晴れマークが並んでいる場合でも、一定の時間は天気マークの画面を表示したり、衛星画像などの定番のメニューを表示しなくてはならないという制約があるので、たとえ解説時間を増やしたいと考えても、そうそう時間を増やすことはできません。

この点、ラジオの天気予報には画面がないので、気象状況に応じて臨機応変に解説内容を変更することができます。また、必ず一定時間表示しなくてはならない画面もありませんから、状況に応じて必要な情報を十分に解説し、重要でない情報を一言で片づけることも可能です。さらに、（良心的な）気象予報士は、画面に頼らず言葉だけで空模様をイメージしてもらえるよう、丁寧でわかりやすい解説をする傾向にあります。

このように、詳細かつわかりやすい解説に出会える（可能性が高い）のがラジオです。視覚的な情報はインターネットで入手できるのですから、私はテレビよりラジオの天気予報をお勧めしています。

9章

予報利用学のための道具2

……実況把握のための道具

9章 予報利用学の道具2……実況把握のための道具

1 気象情報の取扱説明書の読み方

　ここから個々の気象情報の取り扱いを説明していきます。ご存じのように、多くの気象情報は必要最小限度の意味と使い方さえ知っていれば、パソコンソフトのように感覚的に使うことが可能です。また、気象庁のサイトなどには、気象情報が掲載されているページごとに詳しい説明が記載されています。そこで本章では、分厚い取扱説明書のような解説は避け、感覚的に気象情報を使っていると陥りやすい注意点を中心に説明していきたいと思います。

　読み進んでいただくにあたっては、GPSの使用目的が位置の把握であり、ハンドベアリングコンパスの使用目的が方位の測定であるように、まずは個々の気象情報の使用目的だけを理解していただければよいと思っています。というのも、私たちにとっては気象情報もGPSやハンドベアリングコンパスと同様、航海に必要な作業に使われる道具にすぎないのですから、使用目的さえ覚えていれば、具体的な使い方は必要に応じて調べればよいといえるからです。

　かつて北前船の船頭は、水平線の向こうの雲を見たいという気持ちにかられて日和山に登っていましたが、地球上空36000キロに浮かぶ気象衛星も現代の日和山にすぎません。また、府県天気予報も、北前船の船頭にアドバイスをしていた日和見の見立ての延長線上にあるといえます。

　気象情報の使い方というと、観測機器の原理やデータの解釈方法ばかりに目が向きがちですが、気象情報が道具である以上、まずはどの場面でその気象情報を使うべきかという使用目的と、陥りやすい点を覚えることを優先させるべきでしょう。

ネット上の気象情報	＝	直感的に使用可能	「原理」等の解説も豊富
		↑	↑
		誤った使い方のおそれ	使用目的が不明

ここからは、実況を把握するための気象情報の説明と、予測を把握するための気象情報の説明をしていきたいと思います。

9章 予報利用学の道具2……実況把握のための道具

2 気象衛星……海抜36000キロの日和山

1.使用目的

予報利用学では、天気概況や短期予報解説資料から読みとった実況上の着目点の位置を実況天気図上で確認し、これに対応する雲の様子を気象衛星の衛星画像から読みとりました。

具体的には、着目すべき気象現象の雲が、(1)どこにあるのか、(2)いかなる気圧配置との関係で発生しているのかということを読みとり、動画表示させることで、雲が(3)発達する傾向なのか衰弱する傾向なのか、(4)どちらへ進んでいるのか、ということを把握する目的で使用します。

気象衛星の画像の使用目的 = 着目すべき雲の配置
気圧配置との関係
雲の発達・衰弱
雲の動向(進行方向)

これによって、気圧配置と雲の対応関係を把握することができ、これを専門の天気図から読みとった未来の雲の様子と対比することで、現在から未来の雲の動向をイメージすることが可能になります。

2.使用上の注意点

テレビにしてもインターネットにしても、断りなく使われている衛星画像は、多くの場合気象衛星ひまわりの赤外画像です。赤外画像は雲から放射される赤外線を捉えるので、人間の目と同じ能力を持つ可視画像とは異なり、夜間の雲の様子も写すことができます。このため、夜間も含めて雲の様子を動画で表示できるように、赤外画像が多用されているわけです。

● 同時刻の可視画像（左）と、赤外画像（右）

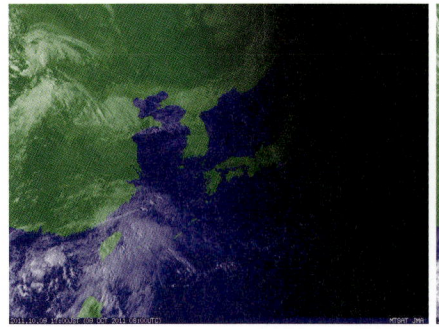

　赤外画像は天気予報番組でも定番のメニューとして使われていますから、気象情報の中でも最も多くの方に知られている情報の一つですが、同時に多くの方が使い方を誤っている情報といえるかもしれません。というのも、赤外画像にはっきりと写っている雲は雨雲、ぼやけている雲は弱い雨雲か曇り空の雲などと、地上で雲を見上げたときと同じ見方をしている方が多いからです。

　赤外画像は、温度によって強さが異なるという赤外線の性質を利用していますから、高度が高く温度の低い雲は白く、高度が低く温度の高い雲は灰色に写り、地上付近の雲や霧はほとんど写らないという特徴があります。このため、雨とは無関係な上空のすじ雲（巻雲）でも白くはっきりと写るのに対して、雨雲（乱層雲）であっても、灰色にぼやけて写る場合もあります。つまり、赤外画像だけで雨雲を判別することは、画像を解析するための知識も経験もない私たちにとって困難だということです。

　したがって、私たちが赤外画像を使うにあたっては、方法論の中で説明したように、実況天気図と赤外画像を見比べて、実況上の着目点に対応する雲の存在とその様子を確認するにとどめなくてはなりません。

| 赤外画像 | 赤外線の強弱を捕捉 | 夜間撮影可能 | ← | 雨雲識別困難 |
| 可視画像 | 可視光線を捕捉（人間の目と同様） | | ← | 夜間撮影不可 |

9章 予報利用学の道具2……実況把握のための道具

3 気象レーダー……現代の遠メガネ

1.使用目的

　実況把握において気象レーダーは、衛星画像から読みとった雲のうち、雨を降らせる雲を探すために利用することを説明しました。

　つまり、衛星画像から読みとった着目すべき雲のうち、(1)雨雲はどこにあるのか、(2)気圧配置と雨雲の対応はどのようになっているのかということを読みとり、さらに動画表示させ、(3)雨は強まる傾向か弱まる傾向か、(4)雨雲はどこからどこに向かって移動しているのか、ということを確認することが、気象レーダーの使用目的になります。

気象レーダーの使用目的 ＝
- 着目すべき雨雲の位置
- 気圧配置との関係
- 雨雲の発達・衰弱
- 雨雲の動向(進行方向)

● 気象レーダーの画像解析の例

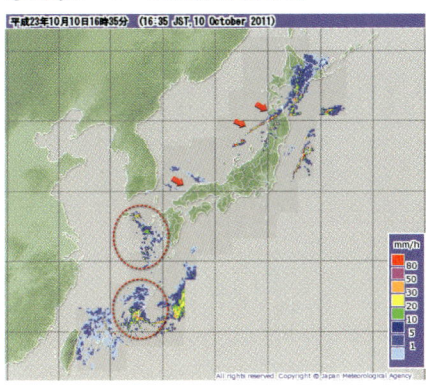

・位置、発達、衰退、移動方向を読みとる
・数時間前までさかのぼって「動向」を把握する

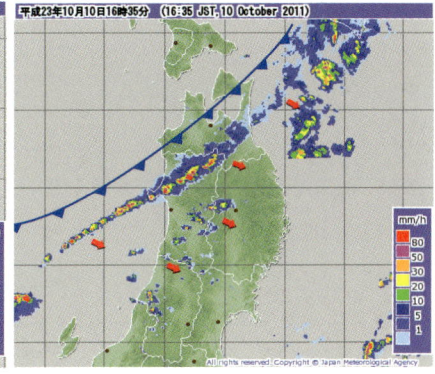

1. 雨雲はどこにあるのか？→寒冷前線の前面
2. 気圧配置と雨雲の対応は？→寒冷前線と対応
3. 雨の傾向は？→シャープな帯状・活発
4. 雨雲はどこからどこへ？→日本海から東北日本海沿岸へ

また、天気概況や短期予報解説資料に、雨の実況について「所々で雨が降っている」「活発なエコーが観測されている」などと記載されている場合には、数時間前までさかのぼって画像を観察し、予報官がどの画面を見て記載の判断をしたのかを確認します。この作業によって予報官と実況に関する情報を共有することができ、未来の雨模様をイメージするためのスタートラインに立つことができます。

気象レーダーは、雨雲が接近する様子や雷雲が沸き上がる様子などを非常にリアルに捉えることができるので、どの天気予報サイトでも定番のメニューになっています。また、携帯電話でも手軽に見ることができ、使用に十分耐えうる画像に作り上げられています。

便利かつ有効なツールですから、予報利用学の方法論で説明した使い方だけではなく、不穏な雲を発見したときにその動向を確認するなど、早めに危険を察知するという目的でも使用されることをお勧めします。

2.使用上の注意点

気象レーダーは、雨粒で反射されやすい性質をもった波長の電波を発射し、雨粒からの反射エコーを受信することで、雨雲の場所や動き、雨の強さを識別するものです。したがって、電波を反射させることができる大きな雨粒だけを補足しますから、レーダー画像に何も映っていなくても、そこに雨雲が無いとは言い切れません。

また、気象レーダーに使用されている電波は、直進性が強いという性質を持っているので、電波を遮る山の裏側に隠れている背の低い雨雲や、水平線の下に隠れている遠方の雲は捕捉できないという特徴があります。日本各地に複数のレーダーを設置して、それぞれの観測値を合成することで日本全域をカバーするように工夫されていますが、それでも捕捉されない場合があります。

●気象レーダーのドーム（車山）

さらに、気象レーダーは5分に1回しか観測されていません。このため、急速に成長や衰退する雷雲などは、レーダー画像に突然現れたり消滅したりしますから、いわゆるゲリラ雷雨などは十分に捕捉できません。

● 気象レーダーの原理（気象庁HP）

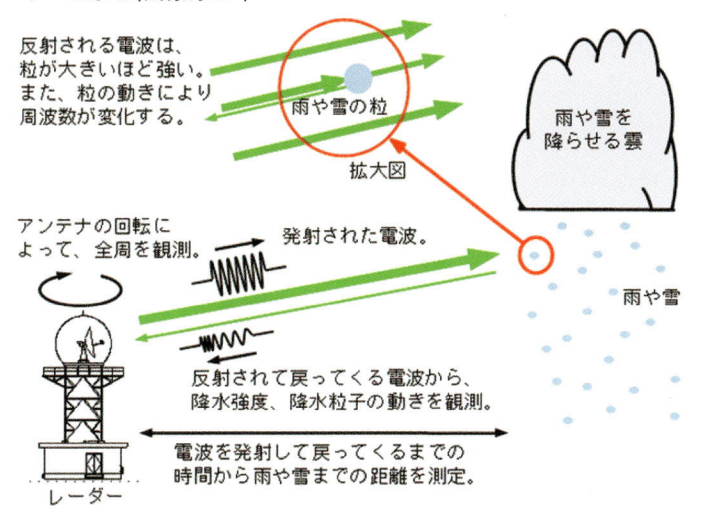

反射される電波は、粒が大きいほど強い。また、粒の動きにより周波数が変化する。

雨や雪の粒

拡大図

雨や雪を降らせる雲

アンテナの回転によって、全周を観測。

発射された電波。

雨や雪

反射されて戻ってくる電波から、降水強度、降水粒子の動きを観測。

電波を発射して戻ってくるまでの時間から雨や雪までの距離を測定。

レーダー

| レーダー電波の波長の特性 | ➡ | 小さな雨粒 捕捉不可 | ⬅ | 安全マージンを考慮した使い方 |
| レーダー電波の直進性 | ➡ | 山裏・水平線の先 捕捉不可 | | |

　レーダー画像があまりにリアルなため、過剰なまでに細かいエコーまで意識される方がいらっしゃいますが、以上の欠点を考えれば、あまり意味のあることではなく、むしろ安全マージンを考えない使い方といえます。

　したがって、観測値を連続表示する機能があるサイトを利用して、雨雲全体の「動向」を把握し、雨雲の発達、接近に注意を払うことを優先すべきです。

9章 予報利用学の道具2……実況把握のための道具

4 アメダス……頼りになる日和見たち

　アメダスも、気象衛星ひまわりと同様、テレビで頻繁に見かける気象情報です。全国の約1300カ所の観測所で、毎時間自動的に雨量が観測されていて、このうち約850カ所では、風向風速、気温、日照を加えた4要素の観測

が行われています。

　雨量の観測所は約17キロ四方、4要素すべての観測所は約21キロ四方に1ヵ所の割合で設置され、日本全国をカバーしていますから、目的地や航路沿岸の気象状況を教えてくれる頼りになる日和見といえるでしょう。

1．風向風速

　出港前に最も気になる風向風速の観測値から説明します。

《使用目的》

　予報利用学では、沿岸波浪実況図と実況天気図を併用して風と気圧配置の関係を読みとり、この関係を実況上の着目点として、アメダスから風向風速の「傾向」を読みとります。このとき、広範囲の気圧配置に起因する「場の風」と局地的な原因に基づく「頭上の風」の両方を読みとる必要があります。なぜなら、強風時の風向は「場の風」にしたがい、微風の場合の風向は「頭上の風」にしたがうという傾向があるので、現在の風向と風が強まった場合の風向を共に知っておく必要があるからです(詳しくは実況把握編を読みなおしてください)。

　したがって、アメダスの風向風速の観測値の使用目的は、日本付近の気圧配置に対応して風向はどのような傾向を示しているか、強風域の分布は気圧配置とどのような関係にあるのか、ということを読みとって「場の風」を把握し、さらに最寄りの地域の風向と風速の傾向はどのようになっているか、という点も読みとって「頭上の風」の様子を把握することにあります。

●アメダスの風向風速計

　また、航海に直接関係する風について調べることには、効果的な航海プランの立案という目的もあります。そのためには、(1)最寄りの地域の風向風速の傾向はどのようになっているのか、(2)「場の風」が強まった場合に風向風速はどうなるのか、(3)最寄りの地域の風が海風と陸風である場合、それぞれの風向はどうなっているのか、ということをアメダスから読みとらなくてはなりません。もっとも、風が強まった場合には「場の風」の風向になる可能性が高いので、実際の作業は、現在の「頭上の風」が海陸風である場合に、180度異なる風向を想定するだけのことです。

```
┌─────────────────┐                    ┌─────────────────┐
│ アメダス(風向風速) │      ┌────────┐  →│ 気圧配置と風の関係 │
│  の使用目的     │ ＝  │「場の風」│   │ 強風域の分布    │
│ 予報利用学      │    │「頭上の風」│ ↕        ＝  効果的な航海プラン
│  の実況把握    │      └────────┘  →│ 最寄りの地域の風向風速の「傾向」│
└─────────────────┘                    └─────────────────┘
                               ┌──────┐ ┌──────────┐
                               │海陸風│ │地形的要因 │
                               └──────┘ └──────────┘
```

《使用上の注意点》

　アメダスの風向風速の観測値を使うとき、多くの方は直近の観測値をご覧になると思いますが、予報利用学では、風の様子を実況天気図の気圧配置と対比させる必要がありますから、実況天気図と同じ観測時間の風向風速と、直近の風向風速を読みとることになります。もっとも、時々刻々と変化する気圧配置や、日照次第で大きく変化する陸と海の気温差によって、風向風速はドラマチックに変化します。ある時間の風向風速を把握するにしても、時系列的な風の変化の「傾向」の中で、現在の風がどの段階にあるのかを把握することが大切です。そこで、アメダスから風向風速を読みとるにあたっても、衛星画像や気象レーダーの画像と同様、数時間前までさかのぼって、風は強まりつつあるのか弱まりつつあるのか、風向は変化しているのか、という「傾向」あるいは「動向」についても時間の許す限り確認しておくべきです。現在の風速が自分の技量のストライクゾーン一杯であるとき、風が強まりつつあることを知ったら、出港判断をする人はいないでしょうし、次第に向かい風に変化しているにもかかわらず、最大速度で直線コースをプランするはずがありません。

　また、方法論で説明したように、アメダスの観測値は地形に大きく影響されます。実際にアメダスポイントを訪ねてみると、小学校の校庭の片隅や山際の空き地にポツンと設置されていることが多く、必ずしも開かれた広い場所に設置されているわけではありません。つまり、周辺の広い範囲に吹いている風の様子を代表していない場合もあるということです。また、沿岸部に設置されていても、防風林の陸側に設置してあることで海上の風速より弱く観測されている場合も多々あります。したがって、個々のアメダスの観測値にこだわって考えるのはあまり意味がありませんし、こだわることで風の「傾向」を読み誤る恐れもあります。そこで、海上保安庁の気象通報などと併せて使うなどの工夫が必要になるのです。

●アメダスの設置状況の一例（高い木に囲まれている）

アメダス（風向風速）使用上の注意点	=	風は常に変化する	→	「動向」を把握	変化のどの段階なのか？
		地形に影響される	→	「傾向」を把握	単一の観測値に拘泥しない

2.降水量と日照

《使用目的》

　予報利用学の方法論の中では、アメダスの降水量と日照時間の観測値の利用方法について説明しませんでした。というのも、降水量と日照時間は航海に「直接」関係することがないからです。

　しかし、実況把握の補足的な情報を得る目的で使用することができますから、使い方を知っておいて損はありません。ここでは、補足的な使用方法を簡単に説明するに留めます。

《使用方法》

　アメダスの観測地点では、降水量と日照時間も観測しています。降水量は水平の容器にたまった水の深さを1時間ごとにミリで表示するものですが、機械的に測定されているため、髪が濡れるほどの雨であっても観測されない場合もあります。

　アメダスの降水量の観測値は、実際に降った雨の量を測定するため、気象レーダーでは捕捉されない山裏の雨も捉えることができるので、気象レーダーを補足する目的で用いることができます。この点、気象庁HPには解析雨量というタイトルで気象レーダーと似た情報が掲載されています。これはアメダス等で実測された降水量と気象レーダーの観測値をコンピューターで解析して、レーダーの細かさとアメダスの正確性を併せ持つデータを算出しているものですから、まさにコンピューターが同様の判断をしているといってよいでしょう（計

算が必要なため、30分単位でしか発表されないので、短時間に沸き上がる雷雲等を捉えるには不向きです）。

また、アメダスの日照時間の観測値は、太陽が出ている時間を日照計で測定し、0.1時間単位で1時間ごとの日照時間を表示しています。

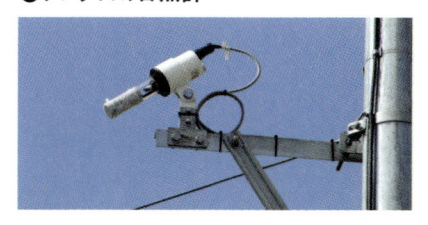

日照時間の多少によって、雲に覆われている地域と太陽が出ている地域を判別することが可能ですから、晴れのエリアを確認することはもちろん、衛星画像と併用することで、雲に覆われていても日差しがある場所を識別することができます。予報利用学の方法論では、衛星画像で雲がかかっていない地域を消去法的に晴れのエリアと判断しますが、アメダスの日照時間の観測値を補足的に使うことで、陸上に関しては晴れあるいは薄曇りのエリアをある程度識別することができます。

●アメダスの日照計

●アメダスの日照データと対応する赤外画像

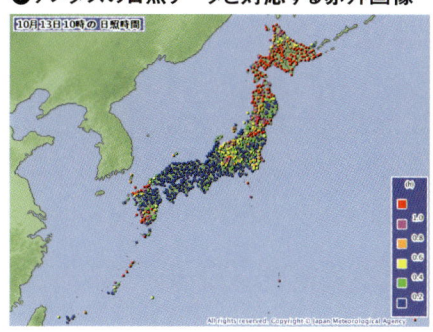

《使用上の注意点》

先に説明したように、アメダスの降水量の観測地点は、全国に約1300カ所設置されていますが、それでも観測地点の間隔は約17キロもあります。これに対して、雷雲をはじめ小さくとも活発な雨雲の大きさはほんの数キロしかありませんから、強い雨が降っていても、アメダスの観測網では観測されない場合がありえます。また、降水量は機械的に測定（雨を貯める「ます」がシーソーのように雨量をカウントする）されていますから、弱い雨も観測されません。したがって、気象レーダーを補足する目的でアメダスを利用するにしても、以上の特徴に十分注意をしておく必要があります。

●アメダスの雨量計

また、アメダスの日照時間は、単位面積あたりの太陽エネルギーをもって日照の有無を判別し、日照ありと判別された時間を観測値としています。一方、晴れと曇りの判別は雲量で決定されますから、日照時間と天気とは直接対応しているものではありません。このため、体感的には薄曇りないし曇りと感じる場合でも、予想外の日照時間が観測されることがあります。また、突然降ってはやむような通り雨の場合には、日照が観測されていても雨が降っていないという判断はできません。降水量の観測値と同様、これらの特徴に注意し、あくまで補足的に利用するというスタンスで用いるのがよいでしょう。

3. 気温
《使用目的》

気温についても、単に暖かい寒いという事実を知るだけの目的で観測値を見るのであれば、出港判断に直接役立つとは思えません。私自身も、アメダスの気温の観測値を出港判断に役立てたという経験はありませんが、天気変化の仕組みを意識しながら気温変化を見るのであれば、様々な気象現象の現在の状況を詳しく捉えることができるようになります。

●アメダスの通風式温度計

船舶免許のテキストには、寒冷前線の前面には暖かい南西風が流れ込み、後面には寒気が北西風とともに南下するということが書かれていますが、アメダスの観測値から、風向風速が急変し気温も急下降している場所を探すことで、実際に寒冷前線の現在位置を推測することができます。

●寒冷前線の模式図

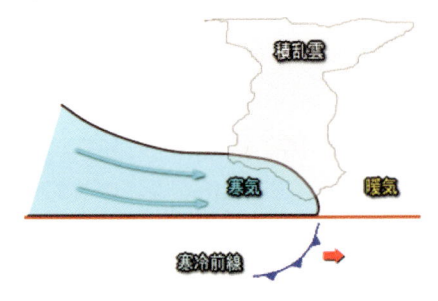

● **アメダスを使った前線解析 風向と気温の併用事例**

また、夏の夕暮れ時、港に海風が吹きはじめて、その涼しさを感じた方も多いと思います。風向変化と気温変化を観察していると、海上の冷えた空気を運ぶ海風によって、沿岸部から気温が下降する様子を確認することができます。

このように、アメダスの気温の観測値は、気象現象の構造を知った上で気温以外の観測値と併用することで、実況把握をより深く理解する手助けになります。

《使用上の注意点》

アメダスの気温は、それだけで出港判断に役立つものではありませんし、実況把握を充実させるために用いるのであれば、簡単な気象現象の構造程度はあらかじめ勉強しておかなければなりません。

ですから、これといって使用上の注意点があるわけではありませんが、天気の変化を引き起こす大きな原因の一つが気温です。冷たい空気と暖かい空気がぶつかることで前線が発生し、上空に冷たい空気が流れ込んでくれば大気が不安定になって雷雲が発生するという話は、天気予報の解説でしばしば耳にしたことがあるはずです。

本棚にしまってある気象学の本を再び開く機会があれば、気象現象の構造について注意して読み進め、アメダスの気温を有効に使う方法はないかと考えてみてください。次回からの実況把握の内容がより深まるはずです。

9章 予報利用学の道具2……実況把握のための道具

5 海上保安庁の気象現況 ……岬の頼れる日和見たち

1. 使用目的

　アメダスの風向風速の観測値が海上よりも弱く観測されることや、微風の場合「場の風」を反映しにくいことを説明しましたが、これを補う目的で使うのが海上保安庁の気象現況（沿岸地域情報提供システム（MICS）です。

　海上保安庁が管理している全国の名だたる灯台で観測された風向風速、気圧、波高ですから、沿岸部の代表的な地点の観測値として、私たちが体感する気象状況を忠実に観測していると考えられます。

●灯台に設置された風向風速計
（鳥ケ首岬灯台）

　当初テレホンサービスのみだった海上保安庁の気象現況ですが、今ではインターネット上で全国の観測値を、過去も含めて30分刻みで見ることができます。また、当該海域の航行に関する注意点や、灯台から海上を映したライブカメラまで掲載されていますから、出港判断の際には必ずチェックしておきたい情報の一つになっています。

　ところで、航海中、予想していたタイミングより早めに風向が変化したり、予想を超えた風速を感じたときは誰でも不安になるものですし、半島や岬を回航するときは、しばしば風や波の急変に遭遇します。そんな風や波の変化をあらかじめ知ることができるのなら、航海のストレスはずいぶん軽減され、美しい景色を眺める心のゆとりができるはずですが、そんなゆとりをもたらしてくれるのも海上保安庁の気象現況です。

　航海中、インターネットに接続することは、億劫なものですが、海上保安庁のテレホンサービスでも周辺の複数の灯台の気象情報が伝えられています。

1回の電話で広範囲の風の様子を知ることができるので、遠くの灯台から順番に風速が強まっていることをリアルタイムで知ることができ、あらかじめ引き釣りの仕掛けを片付け、オイルスキンを着用し、早めのリーフすることもできます。

特に長期航海では、「がんばって帆走する」ことを日々強いられるのでは楽しみも半減してしまいますから、たった一本の電話で早めの対策ができ、精神的にも肉体的にも楽をすることができるテレホンサービスの利用を、ぜひともお勧めしたいと思います。

2.使用上の注意点

海上保安庁の気象情報の観測地点はいずれも岬の先端の高台にある灯台です。このため、「場の風」を反映しやすく体感に近い観測値を得られる反面、岬周辺には風が集まる傾向がありますから、周辺の海上より風速がやや強めに観測されることがあります。どれだけ強めに観測されるかは、観測機器の設置場所や風向によって異なりますが、荒天の日和待ちや出港前夜の天気チェックの際に、これから通過する灯台や、すでに通過してきた灯台の観測値を、周辺のアメダスの風向風速の観測値と対比させてメモしておくと、各灯台の観測値のクセが見えてきます。例えば、佐渡島の弾埼灯台付近のアメダスと弾埼灯台の観測値はほぼ同じ値を示しやすいとか、アメダスで見る周囲の風は穏やかなのに、津軽海峡の大間埼の灯台の風速だけはいつも強く観測されているから大間埼灯台の観測値は特別扱いすべきだ、などということもわかってくるはずです。

また、繰り返しになりますが、灯台通過時にテレホンサービスを聞いておけば観測値と体感の風速の違いを把握することができ、これを繰り返すことで、テレホンサービスをより有効な情報として利用することができるようになります。

にわか仕込みで考えた観測値のクセを信じて行動することはなかなかできないとは思いますが、理由まで考察して使うのであれば、総合的な技量は必ず高まるはずだと思います。

10章
予報利用学のためのの道具3
……実況天気図

10章 予報利用学のための道具3……実況天気図

1 地上実況天気図……空模様のスケッチブック

　実況把握の道具には、観測値だけではなく、観測値をもとに予報官やコンピューターが作成した実況天気図があります。ここまで説明してきた実況の観測値は、日和山で使う肉眼や望遠鏡に代わるものでした。実況天気図は日和山の上から見た空模様のスケッチに例えることができます。

　実況天気図というと、日本地図に低気圧と高気圧、等圧線と前線が描かれている天気図を思い出されると思います。しかし、気象の要素は気圧や前線ばかりではありません。地上から高層にかけての気温の分布や風向風速の分布を表示した天気図も実況天気図に含まれますし、海象にまで目を向ければ、波高の分布や海上の風向風速が記載された実況天気図(波浪図)も存在します。

　ここでは、予報利用学に必要となる実況天気図を取り上げて、その使い方を説明します。

　ところで、チャートテーブルで、船酔いを我慢しながら天気図を描いた経験のある方も多いと思いますが、ここで言う地上実況天気図とは基本的に地上の低気圧や高気圧、等圧線や各種の前線を書き込んだあの天気図と同じものです。

　今ではラジオを聞くまでもなく、テレビやインターネットで完成品を入手することができますが、テレビ局またインターネットのサイトによって前線の位置や長さが微妙に異なっていることに気付かれた方もおられると思います。これは、天気予報が自由化され、民間の気象会社でも独自の解析によって天気図を作ることができるようになったため、気象庁の解析と見解の相違が生じるからです。だからといって、どれが正解でどれが誤っているということではありません。本来天気図とはそういう性質のものなのです。

　もっとも予報利用学では、気象庁発表の府県天気予報を基本にしますから、気象庁の予報官が予報を作る際に見ていた天気図と同じものを使う必要があります。したがって、予報利用学でいう地上実況天気図とは、気象庁のホームページで入手できる「アジア地上解析図(ASAS)」と、「速報天気図」を意味します。

●ASAS(左)と速報天気図(右)

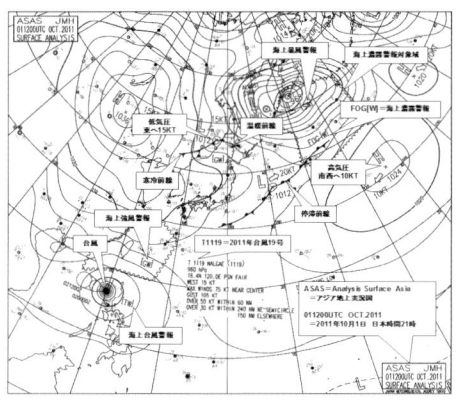

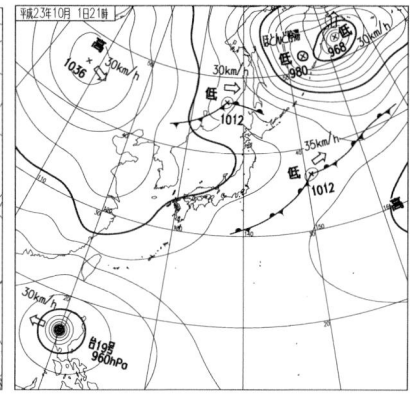

1.使用目的

　地上実況天気図の使用目的というと、一枚の地上実況天気図を目の前にして低気圧や前線の位置から天気分布を読み取ることをイメージされる方が多いようです。気象学の教科書には、気圧配置と天気分布の関係などが詳しく書かれているので、勉強が進んでいる方ほど天気分布を読みとろうとしてしまうようですが、「実況」の天気図なのですから、天気分布は衛星画像や気象レーダーを見れば簡単に調べることができます。気象情報の入手方法がラジオしかなかった時代には、鉛筆で書き込んだ天気記号や等圧線を見ながら、天気分布を考える必要がありましたが、実況天気図から天気分布を考える能力が必要だとしても、現代においてこの能力は優先されるものではないでしょう。

　ところで、衛星画像や気象レーダーなどの観測値は、現在起こっている気象現象の様子をそのまま表示しているだけですから、なぜ雲が渦を巻いているのか、なぜ強い雨雲がそこに存在するのか、という理由まではわかりません。また、理由がわからなければ、今後の展開を予想することもできません。

　この点、地上実況天気図は、アジア地上「解析図」とも呼ばれているように、地上実況天気図は、予報官が様々な観測値を吟味して「解析」した結果です。したがって、「衛星画像に帯のように映っている雲の下で強い雨が降っているけれどなぜだろう」などという疑問を感じたら、地上実況天気図を見るこ

とで「寒冷前線があるから」という理由が一目でわかります。また、「なぜ雲が渦を巻いているのだろう」と疑問を感じたら、「低気圧があるから」という理由がわかります。このように、私たちにとって地上実況天気図は、観測された天気の理由を調べる目的のために存在するといってよいでしょう。

```
実況天気図の使用目的  ≠  天気分布の把握  ←  気象衛星・気象レーダー等
        ‖
観測値の理由を知るための道具  ←→  実況把握のための着目点
```

2. 使用上の注意点

　衛星画像などの観測値は原則として自動的に処理されて発表されますが、天気図は予報官が解析を行った上で作成されるものです。このため、毎時間の実況天気図を作ることは困難ですから、「アジア地上解析図」は、3・9・15、21時の観測値に基づいて、一日4回発表されています。

　しかし、天気の急変などを素早く把握する必要もありますから、深夜0時を除いた3時間ごとの観測値に基づいて一日7回、「速報天気図」が発表されています。ただ、速報天気図とはいえ、自動的に作成されているわけではありませんから、発表時間は観測時間の約2時間半後ということになります。

　速報天気図は日本語で記載されていますから、速報天気図を好んで使われる方が多いようですが、あくまで速報の天気図ですから、解析が不十分と思われる場合も時々見られます。「アジア地上解析図」が主役で「速報天気図」が脇役だということを知った上で使用するのがよいでしょう。

　なお、アジア地上解析図には、観測地点の天気や雲量、気温などの細かい情報が記載されていますが、速報天気図には等圧線と前線、低気圧や高気圧の進行方向と速度程度しか描かれていません。したがって、観測地点の気象状況まで詳しくチェックするためにはアジア地上解析図を使う必要がありますが、これは世界共通の複雑な記号で記載されていますから、そう簡単に読みこなせるものではありません。もっとも、雲量や風の様子の読み方がわかれば、天気図から得られる情報量が各段に増えますから、記号の読み方をコピーして、チャートテーブルの中に入れておくことをお勧めします。

●アジア地上解説図に用いられる記号の例

雲量	0	1以下	2〜3	4	5	6	7〜8	9〜10ですきまあり	10すきまなし	天空不明	観測機器なし
記号	○	◐	◓	◑	◒	◕	◖	◗	●	⊗	⊖

- 風弱く
- 5kt
- 10kt
- 50kt

全般海上警報の種類と記号

種別	呼称 英文	呼称 和文	記号	説明
一般警報	WARNING	海上風警報 カイジョウカゼケイホウ	[W]	気象庁風力階級表の風力階級7の場合（28kt以上34kt未満）
		海上濃霧警報 カイジョウノウムケイホウ	FOG [W]	濃霧について警告を必要とする場合
強風警報	GALE WARNING	海上強風警報 カイジョウキョウフウケイホウ	[GW]	気象庁風力階級表の風力階級8および9の場合（34kt以上48kt未満）
暴風警報	STORM WARNING	海上暴風警報 カイジョウボウフウケイホウ	[SW]	気象庁風力階級表の風力階級10以上の場合（熱帯低気圧により気象庁風力階級12の場合を除く）（48kt以上64kt未満）
台風警報	TYPHOON WARNING	海上台風警報 カイジョウタイフウケイホウ	[TW]	熱帯低気圧により気象庁風力階級表の風力階級12の場合（64kt以上）

10章 予報利用学のための道具3……実況天気図

2 沿岸波浪実況図

　台風が日本沿岸に接近しているとき、テレビの天気予報では「沿岸の波の様子」などというタイトルで、波高の分布を表示したCGがよく使われていますが、このCGの原図が沿岸波浪実況図です。

　沿岸波浪実況図は、船舶や海上の観測用ブイ、沿岸の波浪計、さらには衛星などによって毎日9・21時に観測された波浪の状態に、コンピューターの計算値等も加味して、波高や波の方向、周期、海上の風向風速を、予報官が「推定」することによって作成されています。

1.使用目的

　沿岸波浪実況図は、解析や推定の要素が含まれていますが、海上の風や波浪の実況に特化して作成されていますから、その使い方は、観測値をその

まま表示したアメダスに近いといえます。

先に説明した地上実況天気図では、波浪を発生させる原因となる高気圧や低気圧、前線の様子を知ることができますが、波浪の様子を直接知ることができません。そこで、方法論で説明したように、地上実況天気図と併用することで、気圧配置に対応する風と波の様子を把握することになります。

天気図上に、風向と風速が矢羽根で表示され、波高は実線、波の方向と周期が白抜きの矢印と数字で表示されているということ、矢羽根は羽根がついている方向から風が吹いてくることを示し、長い羽一本が10ノット、短い羽一本が5ノットを意味し、羽の数を合計することで風速を読みとるということは、すでに方法論で説明しました。

●沿岸波浪実況図

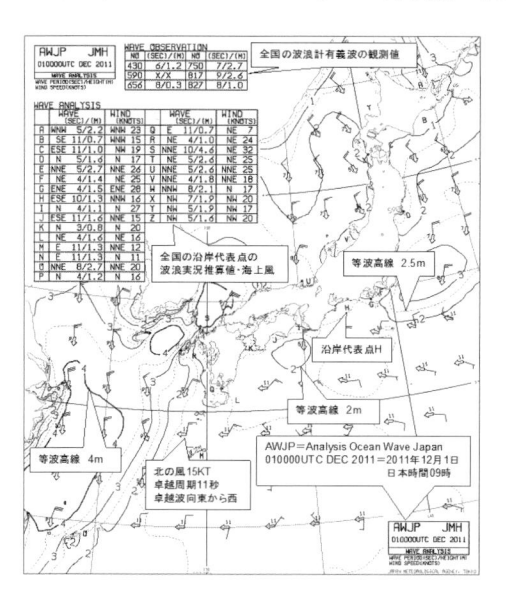

2.使用上の注意点

沿岸波浪実況図では、コンピューターの計算値を用いた推定の要素が加味されている関係上、沿岸から急速に水深が深まるという日本周辺の海底の地形が十分に考慮されていません。このため、沖合の波が沿岸の浅い海に押し寄せてきたときに波高が高くなる沿岸特有の効果が表示されないという欠点があります。ですから、沿岸波浪実況図からは、波高と波の方向の「傾向」を読みとるにとどめ、沿岸の具体的な波高は、海上保安庁の気象現況で確認した波高を優先します。

11章

予報利用学の ための道具4

……予想天気図

11章 予報利用学のための道具4……予想天気図

1 FSAS24・48：アジア地上予想天気図

　テレビやネットの天気予報サイトで最も多く使われている予想天気図です。日本時間の9時と21時の観測値による数値予報の計算結果に基づいて、一日2回発表されています。また、対象時間が観測時間（初期時間の）24時間後と48時間後の2種類が発表されていています（観測時間が21時の場合は今夜と明日夜、9時の場合は明日朝と明後日朝の予想気圧配置を表示していることになります）。

　すでに説明しましたが、専門の天気図の降水量予想図や風予想図に記載されている等圧線が、予報官がアジア地上予想天気図を作成する際の原図になります。

●アジア地上予想天気図

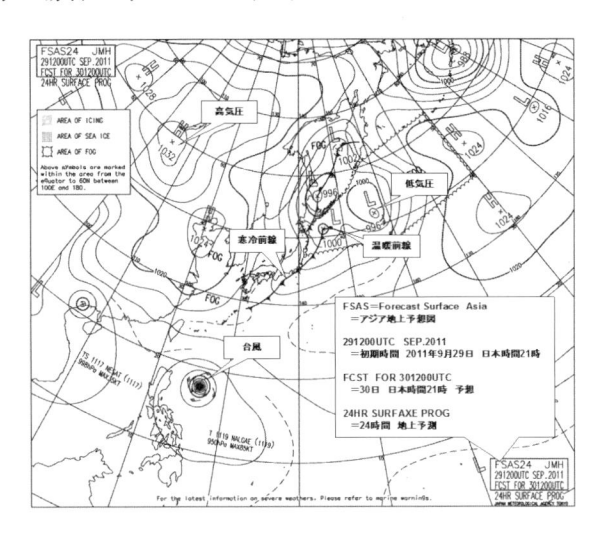

1．使用目的

　予報利用学においてアジア地上予想天気図は、天気概況や短期予報解説資料などに書かれている予報作成上の着目点の位置や状態を確認する目的で使用します。

　また、専門天気図や数値予報のアニメーションなどから読みとったすべての情報を地上予想天気図に集約して情報を一元化し、地上実況天気図に

一元化した現在の空模様と比較することで、現在から未来への空模様の変化をイメージするためにも用います。

```
[実況把握した現在の空模様]    [専門の天気図から読みとった未来の空模様]
         ↓                              ↓
[地上実況天気図に一元化] ➡ [地上予想天気図に一元化]
         [空模様の変化をイメージする]
```

2.使用上の注意点

　使用上の注意点は二つあります。最も注意していただきたいことは、天気図を準備する段階で、使うべき地上予想天気図の初期時間と対象時間を誤らないということです。すでに説明しましたが、初期時間とは数値予報の計算の基礎となった観測値の観測時間のことで、対象時間とは表示されている天気図の予想対象時間のことです。対象時間が初期時間からの経過時間のみで表示されている場合には、誤りを起こしにくいものですが、対象時間の日時（世界標準時）も表示されている場合には、初期時間が異なる同じ対象時間の天気図が存在することになりますから、間違いを起こす可能性が高まります。単純な誤りといえますが、出港直前など急いでいる場合には、天気予報を生業にしている者でさえ誤りを起こすことがあります。天気予報番組制作の現場では、天気図を準備する段階で、異なる初期時間の天気図を机の上からすべて片付けてしまう人さえいるほどですから、地上予想天気図に限らず、天気図を見る際には、真っ先に初期時間と対象日時を確認するクセを付けていただきたいと思います。

　二つ目の注意点は、府県天気予報と同じ初期時間の天気図を使うということです。

　府県天気予報は一日3回、5時、11時、17時に発表されますが、府県天気予報の挿絵的な存在である予想天気図も、朝と夕方の天気予報番組の解説に間に合うよう、5時と17時発表の府県天気予報の直前に発表されています。

　また、5時と11時発表の府県天気予報は、前日21時の観測値を初期値とする数値予報に基づいて作られ、17時発表の府県天気予報は当日9時の観測値を初期値とする数値予報にも基づいて作られていますが（正確には初期値の異なる計算値も使われています）、対応する予想天気図の初期時間も、府県天気予報と同じ前日21時と当日9時が初

期時間になっています。

慣れないうちはややこしく感じるかもしれませんが、予報利用学に限らず、予想天気図を使う者ならだれもが最低限知っていなくてはならないことですから、ぜひ慣れていただきたいと思います。

> 使うべき予想天気図＝府県天気予報と同じ初期値　初期時間と対象時間を確認する

11章 予報利用学のための道具4……予想天気図

2 FXFE5782・5784・577：極東850hPa気温・風、700hPa上昇流・湿数、500hPa気温予想図

方法論では、4個ないし2個の天気図で構成されているFXFE5782・5784・577という3枚組の天気図の上段の天気図を「湿数予想図」と省略して呼び、未来の雲のエリアの読みとり方を説明しました。はじめて専門の天気図に触れる方のために、必要な情報の使い方だけを説明する都合上、このような呼び方をしたわけですが、タイトルの正式名称をご覧になればさらに多くの気象情報が網羅されていることがわかると思います。

●FXFE5782・5784・577

1. 使用目的

　3枚でワンセットのＦＸＦＥ5782・5784・577には、いずれも上段に上空3000メートル付近（気圧700hPaの等圧平面）の湿数（細い実線：湿り気の程度）と上空5500メートル付近（気圧500hPaの等圧平面）の気温（太い実線）が記載されていて、縦線の網かけ部分が湿数3℃未満の領域（特に湿っている領域）を表示しています。

　方法論でも説明しましたが、湿数とは気温から露点温度（水蒸気を含む空気を冷却したとき、水滴ができ始める温度）を引いた数値を意味します。湿数が3℃未満の網かけのエリアでは、空気中の湿り気が特に水滴になりやすく、このエリアが上空3000メートル付近の雲のエリアに対応します。もっとも、予報利用学では、衛星画像の雲のエリアと対比するとともに、一般的に薄曇りと言われる、どちらかといえば曇りの近い空模様を識別する目的で、湿数6℃の線の内側を雲のエリアと判断します。

湿度＜3℃	＝	網かけのエリア	＝	雲のエリア	
湿度＜6℃	＝	網かけの1本外側の線の内側	＝	雲のエリア	薄雲のエリア
				曇りのイメージ	

　また、すでに説明したように上空5500メートル付近の気温は、天気予報で「上空の寒気」という解説がある場合の上空の気温の様子を表示したものです。冬場の雪の解説にとどまらず、夏場でも雷雨が予想される場合に解説される「上空の寒気」もこの上空5500メートル付近の気温を指していますから、天気概況をはじめテレビやラジオの解説で「上空の寒気」という言葉が登場したら、この図を見ることで、寒気が流れ込むエリアやタイミングを知ることができます。

　予想される空模様の理由を天気図上で把握することは、発生する現象をより具体的にイメージできるということですから、天気概況や天気予報番組の解説に「上空の寒気」というコメントが登場したら、予報利用学の応用編として、この図に目を通してみてください。

上空の寒気	＝	上空5500m付近の気温	→	冬場の雪の目安
				夏の雷雨発生の目安

なお、下段の図には、極東850hPaの気温・風、700hPaの上昇流が掲載されています。850hPa(上空約1500メートル)の気温と風は、地上付近の空気の状態を示していて、気温の予想や前線の解析、上空の寒気と対応させて大気不安定の状態を予測するために用いられます。また、700hPa(上空約3000メートル)の上昇流は、上昇気流によって発生する雲の発達の様子を予測するために用いられます。これらの気象情報も、使い方を知ってしまうと様々な目的に利用できますが、はじめて専門の天気図を使われる方には消化不良のもとになりますから、ここでは省略しておきます。

2.使用上の注意点

使うべき天気図の初期時間と対象時間を間違えないという、天気図を使用する上での最大の注意点は湿数予想図にもあてはまります。方法論の中でしつこいほど説明しましたが、図全体の左下の初期時間と、各図の左下の対象日時の確認を忘れないでください。

もう覚えていらっしゃると思いますが、初期時間も対象日時も世界標準時で記載されていますから、日本時間に換算するには9時間を加算する必要があります。

この図の使用上の注意点は、初期時間と対象時間を間違えないということに尽きますが、上空3000メートル付近の網かけエリアや湿数6℃の線を使って雲のエリアを考える際に、一つだけ注意していただきたい点があります。それは、冬になると、特に日本海沿岸で雲のエリアの判別に使えない場合があるということです。とうのも、日本海の雪雲(天気予報番組では「日本海の筋状の雲」と表現されます)が活発になる高度は、通常の雲よりずっと低いという傾向があるからです。このため、上空3000メートル付近の湿数では、雲の様子を代表することができないのです。

もっとも、雪が舞う荒れた日本海をクルージングされるのは相当なベテランの方でしょうから、注意点として頭の片隅にとどめておいていただければ結構です。

3　FXFE502・504・507：極東地上気圧・風・降水量・500hPa高度・渦度予想図

11章　予報利用学のための道具4……予想天気図

　方法論では「湿数予想図」と同様、4個ないし2個の天気図で構成されているFXFE502・504・507という3枚組の天気図の下段の天気図を「降水量予想図」「風予想図」と省略して呼び、未来の雨のエリアと風の様子の読みとり方を説明しました。

●FXFE502・504・507

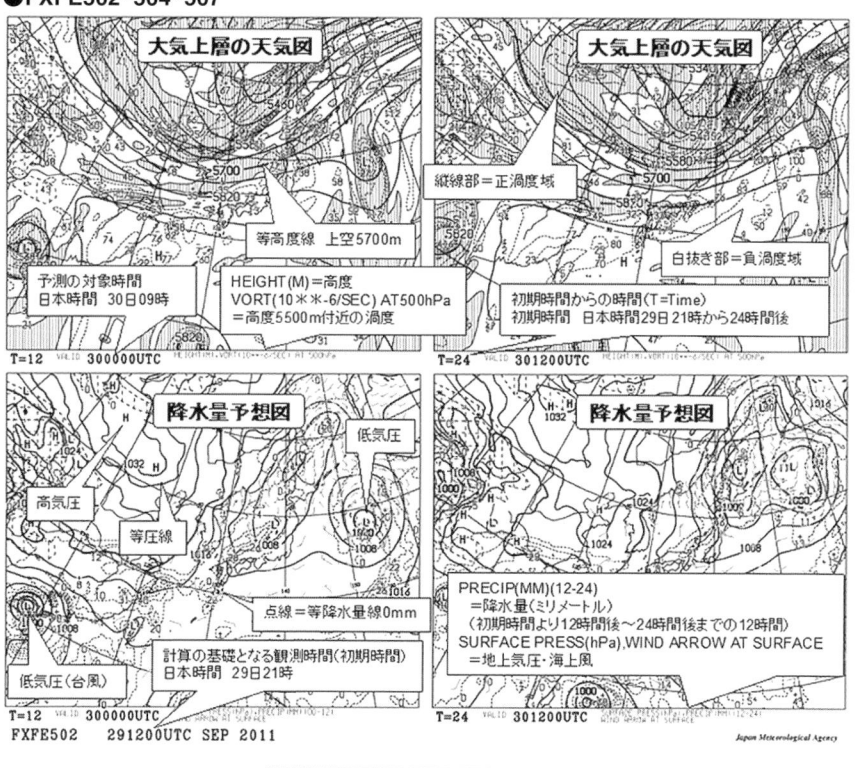

FXFE502	T=12	T=24
FXFE504	T=36	T=48
FXFE507	T=72	

1.使用目的と使用方法

下段2枚は、地上気圧(実線)、海上風(矢羽根)、前12時間降水量(点線)を表示していることはすでに説明しました。

予報利用学における利用方法のおさらいになりますが、点線で表示された降水量予想は、二番目の線の内側を並雨のエリア、一番外側の線と二番目の線の間を「ぐずつきエリア」として、雨のエリアを読みとるために使用します。

12時間降水量 →	2番目の線の内側	=	雨エリア
	1番目の線の内側	=	ぐずつきエリア

また、矢羽根で表示される海上風は、気圧配置と風の関係から「場の風」の様子を読みとるために使用します。

| 海上風 | 傾向 | → | 「場の風」 | ⇔ | 気圧配置 |

そして、太い実線で表示される等圧線は、先に説明した地上予想天気図(FSAS：アジア地上天気図)の原図でした。予報官はこの図を修正・補正し、解析した前線を書き込むことで地上予想天気図を作成しています。

さて、予報利用学では基本的に上段の天気図は使用しませんが、短期予報解説資料では多用されていますから、必要な限度で上段の図の読み方も知っておいたほうよいといえます。そこで、簡単な読み方を説明しておくことにします。

上段の図は、地上の気圧配置の骨格といえる上空約5500メートルの高層天気図ですが、地上天気図が海面を基準とした気圧の分布を等圧線で表示しているのに対し(等高度面天気図)、この図では、同じ気圧の場所の分布が高度で表示されています(等圧面天気図)。予報を作成する上で都合がよいので等圧面天気図が使用されているのですが、高度の高い所は気圧が高く、高度が低い所では気圧は低くなるので、等高度線は地上天気図の等圧線と同じ感覚で見ることができます。

●**FXFE502・504・507上段の500hPa高度・渦度予想図**　　◯ =正渦度極大値　▨ =正渦度域

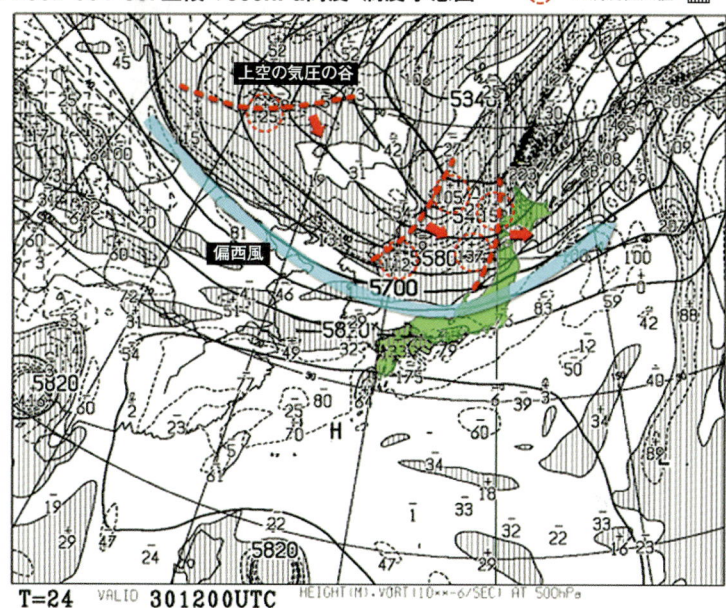

正渦度境界の渦度0の線に偏西風が対応
上空の気圧の谷は、偏西風の流れに沿って東進する

　上段の天気図の等高度線は、多くの場合地上天気図のように高気圧や低気圧の場所でも閉じておらず、低圧部はU字に湾曲し、高圧部は凸型に湾曲するのみです。このU字の部分がいわゆる「上空の気圧の谷」にあたり、対応する地上付近では低気圧や気圧の谷が発生・発達する傾向にあります。そのため、短期予報解説資料では、U字の気圧の谷を「トラフ」と呼んで、その接近を地上で天気が悪くなるタイミングの目安として用い、U字が深まることを対応する地上の低気圧の発生・発達の目安としています。したがって、短期予報解説資料に「トラフ」と記載されているときは、この図で「トラフ」の位置や深さを見ることで、低気圧の発達や衰退に関する予報官の見解を理解

●**地上天気図と上空の気圧の谷の関係**

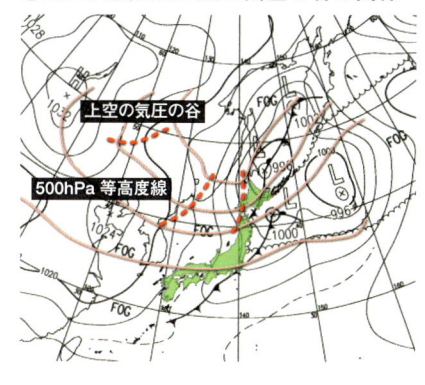

193

することができます。

　また、193ページ上の図中の縦の網かけの部分を正渦度域といいます。上空には川の流れのように偏西風が流れていますが、川の流れが蛇行して淀みができるとそこに渦が発生するように、偏西風が上空の気圧の谷に沿って蛇行すると、その部分に反時計回りの渦が発生し、地上の低気圧の発生・発達のエネルギーの源になります。そこで、この渦が発生する領域を正渦度域と呼んで網かけで表示し、特に渦が強い場所（極値）にプラスの符号を付けて数字で表現しているわけです。このため、短期予報解説資料では、正渦度域や極値の接近について「正渦度の移流があり」などと表現し、地上の低気圧の発生や発達の原因を解説しています。そんなときは、この図と地上の気圧配置を対応させて観察することで、低気圧が活発化する理由を視覚的に把握することができます。

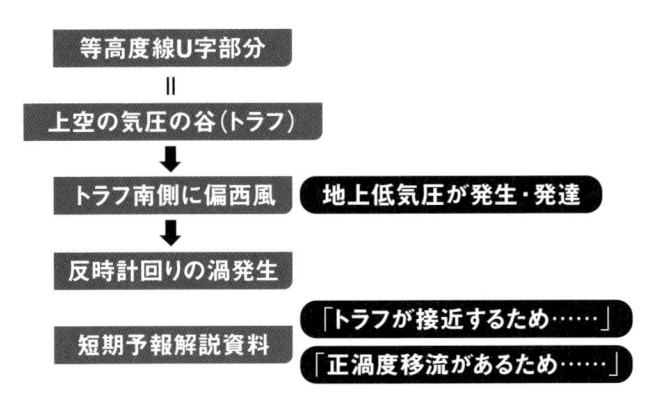

```
　　┌─────────────────┐
　　│　等高度線U字部分　│
　　└─────────────────┘
　　　　　　＝
　　┌─────────────────────┐
　　│　上空の気圧の谷（トラフ）│
　　└─────────────────────┘
　　　　　　↓
　　┌─────────────────┐　┌───────────────────┐
　　│　トラフ南側に偏西風　│　│　地上低気圧が発生・発達　│
　　└─────────────────┘　└───────────────────┘
　　　　　　↓
　　┌─────────────────┐
　　│　反時計回りの渦発生　│
　　└─────────────────┘
　　┌─────────────────┐　┌───────────────────┐
　　│　短期予報解説資料　│　│「トラフが接近するため……」│
　　└─────────────────┘　│「正渦度移流があるため……」│
　　　　　　　　　　　　　└───────────────────┘
```

2.使用上の注意点

　本図の予想降水量は、対象時間の前12時間の降水量を表示していますから、対象時間の雲のエリアを表示している「湿数予想図」とは性格を異にします。したがって、低気圧が足早に進み、雨のエリアも時々刻々と変化する場合には、降水が予想されるエリアの中にも、早めに雨が上がる地域や対象時間に間近に降り出す地域も含まれることになりますから、単純に雲のエリアと対比することはできない場合があることに注意しなくてはなりません。

　また、繰り返しになりますが、「場の風」を読みとる際は個々の矢羽根に必要以上にとらわれず、気圧配置との関係で空気の流れを傾向としてとらえるように注意してください。

11章 予報利用学のための道具4……予想天気図

4 FWJP4:沿岸波浪予想図

1.使用目的

沿岸波浪予想図の使用目的は、沿岸波浪実況図と同様、予想天気図と併用して、未来の気圧配置に対応する「場の風」と、波の様子を読みとることにあります。

●沿岸波浪予想図

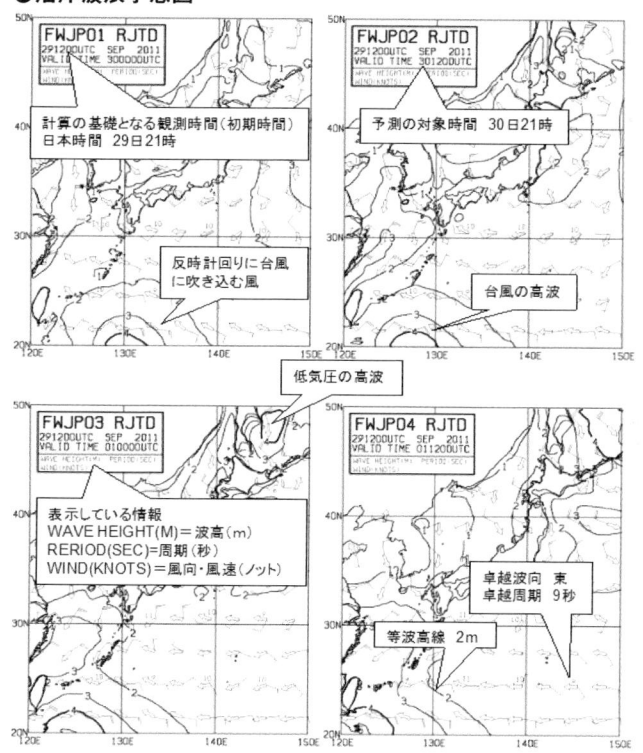

FWJP01 RJTD
291200UTC SEP 2011
VALID TIME 300000UTC
計算の基礎となる観測時間(初期時間)
日本時間 29日21時
反時計回りに台風に吹き込む風

FWJP02 RJTD
291200UTC SEP 2011
VALID TIME 301200UTC
予測の対象時間 30日21時
台風の高波

低気圧の高波

FWJP03 RJTD
291200UTC SEP 2011
VALID TIME 010000UTC
表示している情報
WAVE HEIGHT(M)=波高(m)
RERIOD(SEC)=周期(秒)
WIND(KNOTS)=風向・風速(ノット)

FWJP04 RJTD
291200UTC SEP 2011
VALID TIME 011200UTC
卓越波向 東
卓越周期 9秒
等波高線 2m

2.使用上の注意点

沿岸波浪予想図も沿岸波浪実況図と同様、沿岸の浅い海で波が高まる効果が表現されません。したがって、波高や波の方向の変化「傾向」を把握する道具として使用することになります。

5 FXJP854：850hPa相当温位・風 12・24・36・48時間予想

　FXJP854という天気図は、方法論の中では登場しませんでした。
　この天気図は、850hPa（上空約1500メートル）の風と相当温位という空気の状態を示す数字を、初期時間の12時間先から48時間先まで12時間ごとに4枚ワンセットで表示しています。

●FXJP854 相当温位図

（図中注釈）
- 前線の北側　日本海上空の北西風
- 等相当温位線の集中帯　南側が前線帯に対応
- 予測の対象時間　日本時間 30日09時
- 前線の南側　太平洋上空の南西風
- 初期時間からの時間（T=Time）　初期時間　日本時間29日21時から24時間後
- 850hPa＝上空約1500m　E.P.TEMP(K)＝相当温位（ケルビン）　WIND(KNOTS)＝風（ノット）
- 計算の基礎となる観測時間（初期時間）　日本時間 29日21時

FXJP854　291200UTC SEP 2011　Japan Meteorological Agency

　等圧線とは異なる複数の線が無数に描かれ、数値に付されている単位もK（ケルビン）という耳慣れない単位なので、湿数予想図に輪をかけてなじみにくい天気図といえますが、夏場の天気予報番組の解説で、天気図上に「暖かく湿った空気」とか「暖湿気」という名で描かれる赤やオレンジ色の矢印の原図がこの天気図です。
　天気概況や短期予報解説資料の中

にも、大雨や雷の原因として、「暖かく湿った空気」「暖湿気」という言葉が多用されていますから、予報利用学の応用として使い方を覚えておいたほうがよいでしょう。

1.FXJP854が示しているもの

この図は一般に「相当温位図」と呼ばれていますが、相当温位とは「飽和している空気塊を断熱上昇させ、水蒸気を凝結させて潜熱を全て放出させた後、乾燥断熱的に1000hPaまで移動させた時の温度」と定義されています。この説明で相当温位を理解できる方はまずおられませんから、多少意訳を覚悟で簡単に言ってしまうと「この数字が高いほど、相対的に空気が暖かく湿っていて、雨を降らせるパワーがある」ということになります。同じ体積の空気でも、水蒸気をたくさん含んでいれば雨を降らせる能力が高くなりますが、空気は温度によって水蒸気を含む能力が異なりますから、単純に湿度(その温度における飽和水蒸気量との比)という概念だけでは、空気の雨を降らせる能力を比較することができません。そこで「相対温位」という概念が必要になるわけです。

こんなことまで覚える必要はまったくありませんが、「空気の雨を降らせるパワーの分布を示している天気図」あるいは「雨の原料の分布を示している図」とだけ覚えておけば十分でしょう。

2.使用目的と方法

さて、一般に相当温位図の使用目的は大きく二つあります。

まず一つ目は、まとまった雨が降りやすい場所や雷の発生しやすい場所を特定するという目的です。

暖かく湿った空気は雨の原料といえますから、相当温位の高い空気が大量に流れ込む場所では、特にまとまった雨が降ることが予想できます。また、地上付近に暖かく湿った空気が流れ込むと、大気が不安定になって雷が発生しやすくなります。そこで、相当温位の高い場所の分布を調べることで、あらかじめ大雨やの可能性がある場所を特定することができます。

●相当温位の高い空気の流れ込みを解析する

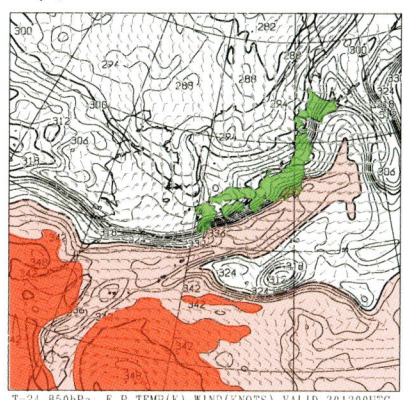

T=24 850hPa. E.P.TEMP(K),WIND(KNOTS) VALID 301200UTC

そして二つ目は、前線の位置や強さを把握するとともに、前線として解析されていない弱い前線を探し、風の急変を予想するという目的です。そうすると、相当温位図から前線を解析しなくてはならないと思われるかもしれませんが、前線の解析は予報官によっても見解が分かれるほどの難しい作業ですから、私たちにマネできる代物ではありません。そこで、予報官が解析した前線が描かれている地上予想天気図(FSAS)から「前線の位置」を読みとり、地上予想天気図の対象日時に対応する相当温位図上でその位置を確認します。すると、前線の位置と相当温位の線(等相当温位線)が密になっている場所の南端が綺麗に一致していることがわかるはずです。

●等相当温位線が密の部分と前線の位置が対応する

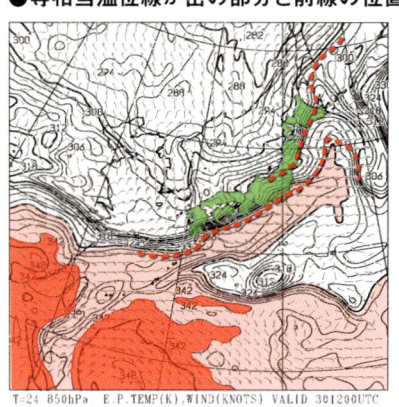

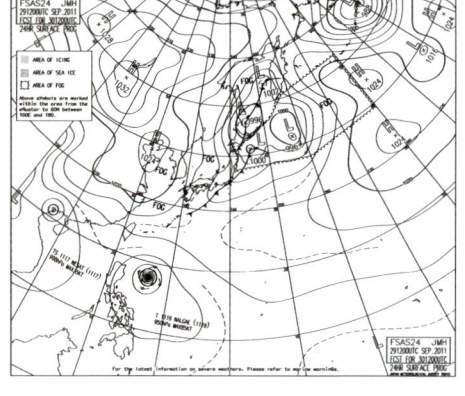

一般に前線は、異なる温度の空気の塊がぶつかる場所に発生するといわれていますが、正確には密度の異なる空気がぶつかる場所と定義されています。したがって、相当温位(気温と含まれる水蒸気)の異なる空気の塊がぶつかる場所が前線と対応し、ぶつかりあう空気の相当温位の差が大きいほど前線が活発になりますから、等相当温位線が密になっている場所が前線と一致することになるわけです。

予報官が解析した前線付近の等相当温位線を見ると、その周辺にも前線付近と同じように、等相当温位線が密になっている部分が連続していることに気付くはずです。予報官は前線としての活動が弱く不明瞭であるとして、これらの部分を前線として認めなかっ

わけですが、実際にはこれらの部分も弱いながらも前線としての性質を持っています。例えば、地上予想天気図において寒冷前線として描かれていなくとも、前線の延長線上に等相当温位線が密になっている所があれば、風の急変が予想されますし、梅雨前線や秋雨前線の延長線上でも、雲が多く雨が降ることが考えられます。

したがって、解析されている前線の延長線上の等相当温位線が密になっている部分を、潜在的な前線として調べておけば、予報官の解析以上に前線が活発になった場合の影響を想定しておくことができます。また、前線の活動が予報官の予想通りであったとしても、潜在的な前線付近では風向の変化や小雨があることは十分に考えられますから、雨のエリアと気圧配置との関係を把握するときの貴重な資料になるはずです。

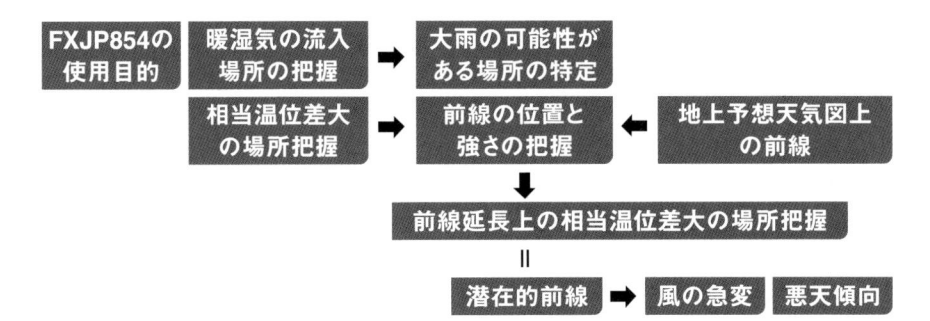

FXJP854の使用目的	暖湿気の流入場所の把握 →	大雨の可能性がある場所の特定
	相当温位差大の場所把握 →	前線の位置と強さの把握 ← 地上予想天気図上の前線

↓
前線延長上の相当温位差大の場所把握
＝
潜在的前線 → 風の急変　悪天傾向

12章

予報利用学のための道具5
……文字情報

12章 予報利用学のための道具5……文字情報

1 短期予報解説資料

　方法論の中で、府県天気予報や天気概況、そして短期予報解説資料の読み方について十分に説明しました。ここでは、難解な専門用語が多用されている短期予報解説資料の用語説明と、方法論には登場しなかったものの、知っておいたほうがよいと思われる気象警報・注意報、気象情報の読み方について説明しておきたいと思います。

　難しい用語が多用されている短期予報解説資料ですが、必要な限度で読み解くことができれば、その利用価値は天気予報番組に解説の比ではありません。そこで、一見難しいと思われる用語を噛み砕いて読むための用語の説明をしておきたいと思います。

《じょう乱》

　じょう乱とは（擾乱）とは、気温差や気圧差などで時々刻々と変化する空気の乱れ一般をいいますが、短期予報解説資料で使われるじょう乱（擾乱）とは、水平の規模が10キロメートル程度で数時間持続する雷雲（積乱雲）から、台風、高・低気圧などの比較的長く持続する現象を指しています。短期予報解説資料には、主要じょう乱解説図という低気圧や高気圧、台風や前線の動向を簡易的にまとめた図が掲載されていますが、主要じょう乱解説図に登場する現象が代表的なものと思えばよいでしょう。

《トラフ》

　トラフとは、いわゆる上空の気圧の谷のことで、等高度線が南側にU字に蛇行している部分のことを指します（FXFE502・504・507（降水量予想図）の上段に掲載されている上空約5500メートル付近の天気図の使い方の中で説明しました）。

　川の流れが蛇行すると、そこに淀みができ渦が川下に流れていくことがありますが、トラフの南側を蛇行して流れる偏西風でも同じことが起こっています。特にトラフの先端付近では反時計回りの渦（正の渦度）が発生しやすく、トラフが深く（U字が深く）反時計回りの渦が強い場合には、地上付近にも反時計回りの渦（低気圧）を発生させる力を及ぼすようになります。このため、深いトラフや渦が接近（正渦度移流）

すると、地上付近では、気圧の谷や低気圧が発生・発達することになります。

トラフの通過を観察することで、地上で低気圧が発生・発達するタイミングを知ることができますから、短期予報解説資料では地上の天気を悪化させる原因として多用されているわけですが、その場合は「地上の天気を悪化させる上空の気圧の谷」と言いかえればよいでしょう。

「正渦度移流があり」という表現で天気が悪化する原因を解説している場合も、「低気圧を活発化させる上空の渦がやってくる」と言いかえるとわかりやすいと思います。

また、地上の低気圧は、トラフの東側にある場合には発達し、トラフの西側にある場合は衰える傾向にあるので、「トラフが先行し、低気圧は次第に不明瞭になる」「トラフとの対応がよく発達傾向」などの解説がされることがあります。

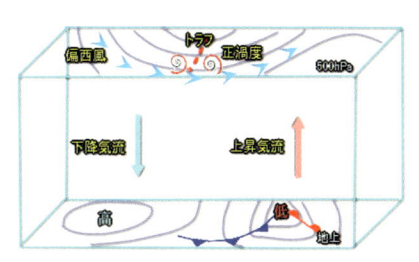

《不安定・暖湿気》

短期予報解説資料だけでなく、テレビの天気予報の解説でも「不安定な天気になりそうです」という言葉を耳にします。雨が降ったり晴れ間が出たりする空模様を漠然とイメージしている方が多いと思いますが、気象庁の用語集には「大気の成層状態が不安定で、にわか雨や雷雨の起こりやすい天気」と定義されています。そして、「晴れの日と曇りや雨の日が小刻みに変わるような天気経過と混同されるので用いない」のが原則で、「必要ならば、「大気の状態が不安定」などとする」と規定されています。

「大気の成層状態が不安定」というのが「不安定」の本来の意味ですが、「大気の成層」(の安定)とは、高度が高くなるとともに一定の割合で気温が下がり、湿度も下がっている状態のことをいいます。この状態が保たれてい

●トラフの模式図

●不安定な大気の模式図

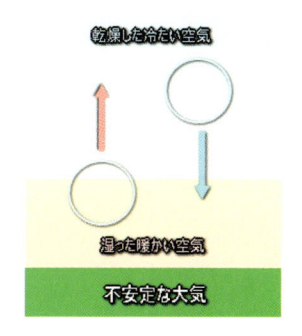

る場合には、大気の対流は発生せず、まさに大気は安定してその状態を保とうとしますが、上空への寒気の流入や、強い日射や暖かく湿った空気(暖湿気)の流れ込みで地上付近の気温が上昇すると、一定の割合が崩れて大気は対流をはじめます。これが「不安定」の状態で、大気の対流によって雲が発達しやすい状態といえます。

《寒気》

　文字通り冷たい空気を意味しますが、短期予報解説資料では、多くの場合、上空5500メートル付近(500hPa)の低温状態をいいます。

　上空に寒気が流入して大気が不安定になる場合に多く用いられますが、それ以外にも、-30℃の空気を平地での雪の目安、-36℃以下の空気を大雪の目安として説明する場合にも用いられます。

　上空5500メートル付近の気温は、FXFE5782・5784・577(湿数予想図)の上段の天気図に実線として描かれていますから、短期予報解説資料に「寒気」と記載されていたら、その位置や接近のタイミングを確認してみましょう。

《強風軸》

　高層天気図に描かれている風の様子を見ると、特に風が強く吹いている帯状の場所があります。多くの場合は偏西風ですが、帯状の強風域の中でも特に風が強い場所を「強風軸」と呼

●上空5500メートル付近の寒気

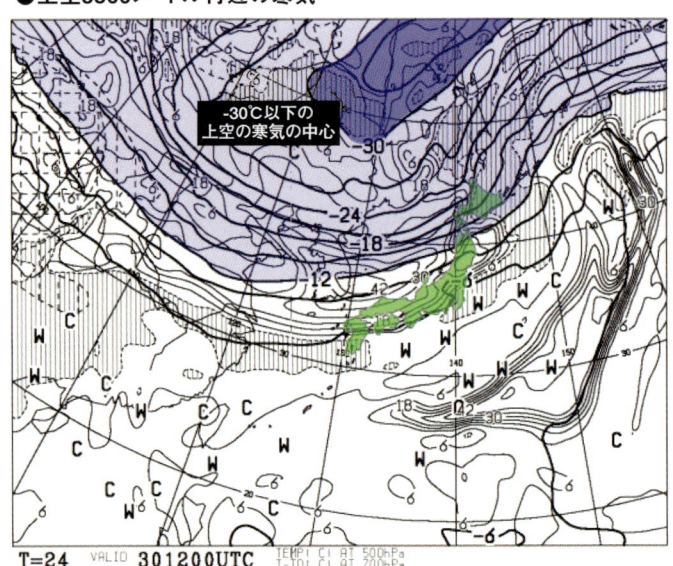

んでいます。

　強風軸は空気の強い流れのことですから、強風軸が南側に大きく蛇行している場合は北の寒気を運び、反対に北側に蛇行している場合には南の暖気を運ぶことになります。

　また、空気の大きな温度差が強風軸を強化する傾向にありますから、多くの場合、強風軸付近の地上には温度差によって発生する前線が位置します。したがって、上空に寒気が流れ込む場合や、前線が停滞する場合に、その原因の一つとして「強風軸」という言葉が使われています。

　予測に関する専門の天気図では、「トラフ」と同様、FXFE502・504・507（降水量予想図）の上段の天気図から、その位置を確認することができます（FXFE502・504・507の読み方の説明参照）。

《寒冷渦》

　上空の気圧の谷が深まり、ついには等高度線が閉じて上空の低気圧になっている場合を意味します。蛇行する偏西風がついには本流から切り離され、偏西風が運んできた寒気だけが塊として反時計回りの渦になっている状態と考えればよいでしょう。

　寒気の塊である以上、上空に寒冷渦がやってくると大気は不安定になりますし、上空の気圧の谷が発達して形成された渦といえますから、対応する

●寒冷渦と偏西風の関係

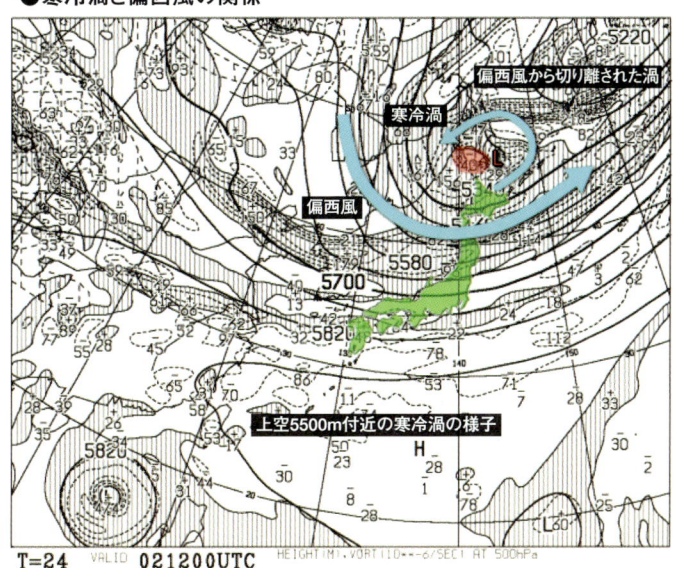

地上付近の低気圧や気圧の谷が活発化することになります。

一般に、雷雨や突風など激しい現象の発生原因と言われますから、短期予報解説資料にこの言葉が登場した場合には、府県天気予報や天気概況にとどまらず、注意報や警報などにも目を通したほうがよいでしょう。

《シアーライン》

シアーラインは、一般的に地上付近の風が収束する場所を意味します。風がぶつかる場合をコンバージェンスラインという人もいますが、気象業界では風がぶつかる場所、大きく曲がる場所、交差する場所を総じてシアーラインと呼ぶようです。

これらの場所では、空気の流れが一カ所に集中するため、逃げ場を失った空気が上昇気流になります。このとき、大気が不安定であれば雨雲が発達することになりますし、不安定でなくとも強制的に上昇気流が発生するため、やはり雨雲が発達しやすくなります。このため、風の急変や雨雲が発生しやすい場所として、主要じょう乱解説図に点線で描かれることがあります。

起こりうる現象は寒冷前線の通過と似ていますが、前線の定義が密度の異なる空気がぶつかる場所であるため、密度の変化の少ないシアーラインは天気図上に前線として描かれることはありません。しかし、風の急変や雨のおそれは前線と同じですから、短期予報解説資料にシアーラインという言葉が登場した場合には、主要じょう乱解説図でその位置を確認し、最寄りの地域に関係しそうなら、FXFE502・504・507（風予想図）でシアーラインの位置や通過のタイミングを確認しておきましょう。

●主要じょう乱解説図のシアーラインと風予想図

主要じょう乱解説図

12日、北海道をシアーラインが通過。シアーライン周辺では、落雷、突風、短時間強雨や強風に注意。
破線はシアーライン
南西諸島には、引き続き暖湿気が流入。西日本太平洋側にも、13日には暖湿気が流入。雷を伴った短時間強雨のおそれがある。

12章 予報利用学のための道具5……文字情報

2 気象警報・注意報

　気象庁は、大雨や強風などの気象現象によって災害が起こるおそれのあるときに「注意報」を、重大な災害が起こるおそれのあるときに「警報」を発表していますが、天気予報番組では発表の事実が伝えられているだけで、その内容については伝えられていません。

　しかし、気象警報も注意報も、気象庁からは文字情報として発表されていて、強風注意報なら予想される風速や期間が、波浪注意報であれば予想される波高やピークの時間まで記載されています。ですから、気象警報や注意報を単なる警告としてとらえるのではなく、予報と同様に利用しなければ宝の持ち腐れといえます。

　気象警報や注意報の使い方については、気象庁HPに詳細に記載され、新しい情報がアップデートされていますから、それをご覧いただくほうがよいのですが、注意すべき点は府県天気予報以上に対象地域が詳細に定められているということです。府県天気予報は各県を数ブロックに分割した一次細分区域を対象に発表されていますが、気象警報や注意報は市町村単位を原則とする二次細分区域ごとに発表されています。自宅のある地域でさえ発表対象地域に迷うほどの詳細な区分けがされていますから、クルージング先では対象地域がまったくわからないといっても過言ではありません。

　二次細分区域も気象庁のホームページに掲載されていますから、これをあらかじめプリントしておくのがよいでしょう。

●注意報の例（気象庁HP）

```
平成23年10月16日06時28分　釧路地方気象台発表

釧路・根室地方の注意警戒事項
　根室、釧路地方では、16日昼過ぎから強風や高波に、16日昼過ぎから16
　日夕方まで高潮に、16日夕方まで濃霧による視程障害に注意して下さい。
================================================
根室市　[発表]強風、波浪、高潮注意報　[継続]濃霧注意報
　風　注意期間　16日昼過ぎから　17日朝にかけて　以後も続く
　　　南西の風
　　　陸上　最大風速　12メートル
　　　海上　最大風速　15メートル
　波　注意期間　16日昼過ぎから　17日朝にかけて　以後も続く
　　　ピークは17日未明
　　　波高　3メートル
　高潮　注意期間　16日12時頃から　16日18時頃まで
　　　ピーク16日16時頃
　　　最高潮位　標高　0．7メートルの高さ
　濃霧　注意期間　16日夕方まで
　　　視程　200メートル以下
```

12章 予報利用学のための道具5……文字情報

3 気象情報

　ニュースなどで「気象庁では、○○に関する(気象)情報を発表して警戒を呼びかけています」というコメントを聞かれたことがあると思います。このコメントの原文が、気象庁から発表されている「気象情報」という気象情報で、警報や注意報を発表する段階になくても、あらかじめ注意を呼び掛ける必要がある場合に発表されます。

　また、警報や注意報には、具体的な現象まで記載されていても、その原因は詳しく記載されていませんから、防災上の対策をより効果的にするために、警報や注意報の補完として「気象情報」が発表されることもあります。

　対象となる代表的な現象には、「大雨」「暴風」「高波」などがあって、「大雨と雷及び突風に関する全般気象情報　第○号」などというタイトルで、問題となる気象現象が終息に向かうまで続報が発表され続けます。

　「気象情報」を利用することによって、早めに航海計画を見直すことができ、避難港の選択にも余裕を持たせることができますから、「気象情報」の発表には注意をしておく必要があります。この点、短期予報解説資料の末尾には、「気象情報」を発表する予定の有無が必ず記載されていますから、予報利用学にしたがって短期予報解説資料を必ず読むのであれば見落とす心配はないでしょう。

　なお、気象情報には全国を対象とする「全般気象情報」をはじめ、地方予報区を対象とする「地方気象情報」、各都府県を対象とする「府県気象情報」があります。出港判断においては「全般気象情報」にのみにアンテナを張っておけばよいでしょう。

●気象情報の例(気象庁HP)

```
大雨と雷及び突風に関する全般気象情報　第4号
　平成23年10月15日04時50分　気象庁予報部発表

(見出し)
低気圧や前線の影響で、近畿地方では15日明け方にかけて、東海地方では
15日朝にかけて局地的に非常に激しい雨の降る所がある見込みです。また、
東北地方でも15日昼過ぎにかけて激しい雨が降るでしょう。低地の浸水、
土砂災害、河川の増水に警戒してください。落雷や竜巻などの激しい突風
にも注意してください。

(本文)
[気圧配置など]
　低気圧が日本海にあって北東に進んでおり、15日は前線を伴って北日本
を通過する見込みです。また、東シナ海から本州の南岸に前線が停滞してい
ます。前線や低気圧に向かって南から湿った空気が流れ込み、東日本から北
日本では15日午前中を中心に低気圧や前線付近で雨雲が活発化する見込み
です。

[防災事項]
<大雨>
　近畿地方では15日明け方にかけて、東海地方では15日朝にかけて、局
地的に1時間50ミリから70ミリの雷を伴った非常に激しい雨の降る所が
ある見込みです。また、東北地方でも15日昼過ぎにかけて、1時間30ミ
リの激しい雨の降る所があるでしょう。
　16日6時までの24時間に予想される雨量は、いずれも多い所で
　　東海地方　　　　150ミリ
　　東北地方　　　　100ミリ
の見込みです。
　近畿地方ではこれまでの雨により土砂災害の危険度が高まっている所があ
ります。
　平成23年台風第12号による記録的な大雨により災害の発生した、近畿
地方(和歌山県、奈良県)では、新たな土砂災害の発生するおそれがありま
すので、引き続き警戒が必要です。
```

13章

予報利用学における週間予報の使い方

13章 予報利用学における週間予報の使い方

1 週間予報は占い？ お告げ？

　今日・明日・明後日の天気をチェックするための一つの考え方として予報利用学の説明をしてきましたが、予報利用学のエッセンスを利用した週間予報のチェック方法もご紹介しておきましょう。

　ところで、夏休みのクルージングの計画を立てるときには、すべての日程が好天に恵まれてほしいものですから、週間予報が気になるのは当然です。長期航海においても荒天の日和待ちは、温泉が近く美味い食べ物を調達しやすい港を選びたいのが人情ですから、週間予報を眺めながら航海計画を練ることが多くなります。

　こんなときは、テレビの天気予報の最後にオマケのように放送される週間予報や、インターネットの週間予報に一喜一憂してしまうものですが、どの週間予報も天気マークを表にズラリと並べただけですし、解説の多くも「期間の終わり頃に気圧の谷の影響で……」などとはっきりしないものばかりです。このように、結果しか伝えない週間予報は、占いやお告げ？ と似たようなものですから、週間予報を何度見ても、安全を考慮した航海計画など立てることはできません。

　もっとも、予報官は府県天気予報と同様に、専門の予想天気図をもとに週間予報を作成していますし、天気予報番組の解説や原稿作成をしている気象予報士も予報官と同じ専門の天気図や、短期予報解説資料の週間予報版といえる週間予報解説資料を見ています。

13章 予報利用学における週間予報の使い方

2 予報利用学的な週間予報のチェック方法

　予報利用学の方法論では、予報官と同じ専門の天気図を使って予報の

確からしさを考えましたが、週間予報についても予報官が使っている専門の天気図を入手することが可能です。したがって、専門の天気図を使って週間予報の確からしさを考えることができれば、週間予報に一喜一憂せずに済みますし、安全マージンをとった航海計画を立てることができるはずです。

そこで予報利用学では、FEFE19という、明後日からの6日間について、21時の地上気圧と24時間降水量を表示している、通称六コマと呼ばれる天気図を使います。すでに「予報利用学の方法論」の中で説明したものです。

●FEFE19（通称6コマ）

FEFE19　291200UTC SEP 2011　ENSEMBLE PREDICTION CHART

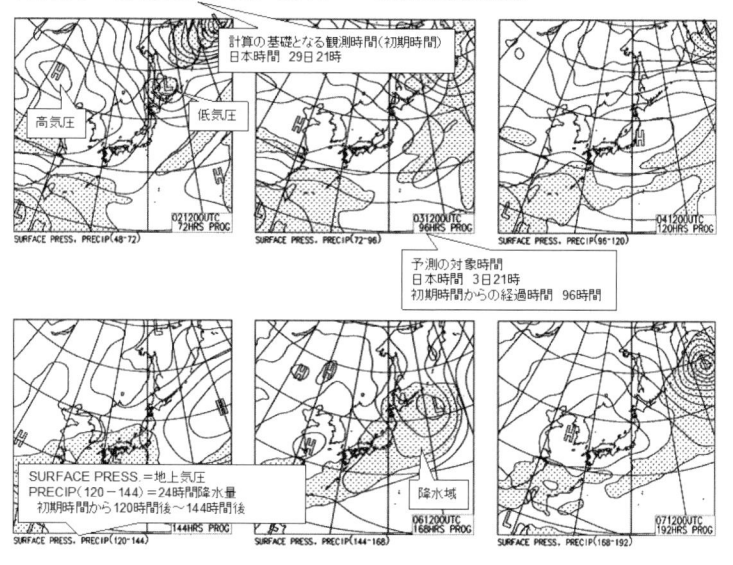

計算の基礎となる観測時間（初期時間）
日本時間　29日21時

高気圧　低気圧

予測の対象時間
日本時間　3日21時
初期時間からの経過時間　96時間

SURFACE PRESS.＝地上気圧
PRECIP（120－144）＝24時間降水量
初期時間から120時間後～144時間後

降水域

さて、まずは予報利用学の方法論と同様、六コマの天気図から、向こう一週間の空模様をイメージするわけですが、ここでは気圧配置や雨のエリアを一週間分の長編アニメーションとしてイメージします。つまり、低気圧や前線に伴って、雨のエリアが拡大したり縮小したりする様子を大ざっぱな動きとしてイ

メージするわけです。

次に、出来上がったイメージと、最寄りの地域の週間予報の天気マークを見比べてみましょう。まずは傘マークが表示されている日の最寄りの地域に雨のエリア（網かけ部分）がかかっているかを確認し、この雨のエリアを基準にして、最寄りの地域に雨のエリアが接

近している日にはくもり優先の天気マークが表示されているか、最寄りの地域と雨のエリアが離れている日には晴れ優先の天気マークになっているかを見比べていきます。そして、マークの並び方から特に大きな天気変化があると考えられる日については、「低気圧と前線が○○日に通過するからマークは雨に変化する」などと、天気悪化の理由を考えます。

これで、FEFE19の天気図と天気マークを結び付けること(問題と模範解答を結び付けること)ができたことになりますが、この作業によって、低気圧の発生や前線が最寄りの地域に接近あるいは通過するタイミングがズレた場合の天気マークを考えることができるようになるはずです。例えば、「晴れ のち くもり」と「くもり 一時 雨」の天気マークが並んでいる場合、新しいFEFE19が示す低気圧の通過のタイミングが半日前倒しになったとしたら、天気マークの並びから太陽が消え、玉突き式に「くもり」と「雨」のマークの並びに変化してしまうことを考えることができるということです。

そして、天気マークの週間予報に大きな天気変化がある場合には、該当する日の気圧配置や雨のエリアの動きに前後半日ほどの安全マージンを持たせて天気変化のパターンを考えます。これによって、週間予報が変化して、天気が悪目に推移する場合の空模様を想定することができますから、これを基準にして航海計画を立てておけば、たとえ週間予報が変更されても、予定していた停泊地まで進めなくなるおそれを減らすことができるはずです。

なお、週間予報といえども一日2回、11時と17時に発表されるものですから、日々アップデートをする必要があります。もっとも、早朝の出港前に週間予報を確認しても、それは前日17時に発表された古い予報にすぎませんから、最新の週間予報の確認は出港前夜に行うことが可能です。

14章
予報利用学における台風情報の利用方法

14章 予報利用学における台風情報の利用方法

1 台風進路図の前

　日本の気象現象の中で、最も恐ろしいものといえば台風ですが、プレジャーボートの場合は台風の中を航海することはあり得ませんから、台風に関して私たちが知りたい情報は、どのタイミングでマリーナに足を運んで台風対策をする必要があるかということでしょう。もちろん、夏のハイシーズンであれば、クルージングの予定期間に台風の影響が及ぶのかということに頭を悩ませることになりますが、少しでも不安を感じるなら出港しないというのがプレジャーボートの基本的な考え方ですから、一般的な台風チェックの解説を超えて、危険のすき間をぬってクルージングの計画を立てるようなテクニックを考える気にはなれません。もっとも、長期航海に出かけるのであれば、否応なしに見知らぬ土地で台風シーズンを過ごすこともあるわけですから、どのタイミングで安全に台風をやり過ごせる港に到着すべきかという判断に直面することは必至です。

　そこで、通常の台風対策を行う場合や、やむを得ずクルージング先で台風避難を余儀なくされる場合に、通常の台風情報の利用価値を高める方法について説明しておきたいと思います。

　さて、台風が発生してから気象庁が発表し始めるのが台風進路図（台風経路図）です。日本では、気象業務法という法律によって、気象庁以外の者は台風の予想進路図を発表してはいけないことになっていますから、気象庁発表の台風進路図だけが、日本において公式に台風のコースを知るため唯一の手段ということになります。

●台風経路図（気象庁HP）

　しかし、台風進路図は「台風が発生してから」発表され始めますから、日本の近海で台風が発生し数日で本土に接近する場合、対策のためには少々遅

すぎるといえます。というのも、週のはじめに台風情報が発表されたのでは平日に駆けつけなくてはなりませんし、長期航海中でも、台風接近前に前線が活発になって、理想的な避難港にたどり着くことが難しくなる場合もあるからです。このため、「台風進路図の前」を知りたいという方が多く、中には衛星画像や専門の天気図を使って台風の発生を予測する方もおられるようです。

この点、2005年から「発達する熱帯低気圧に関する情報」が発表されるようになっています。時間的余裕を持って防災対策ができるよう、「24時間以内に台風になり、かつ、24時間以内に日本へ接近（おおよそ300キロメートル以内）すると予想される場合」に発表されていて、通常の台風情報と同様、現在の位置、中心気圧及び進行速度・方向、そして24時間後の予想位置まで表示されています。

日本に接近すると予想される距離がおよそ300キロメートルとされていますが、小笠原諸島や先島諸島なども含まれるので、多くの場合、熱帯低気圧が本土からかなり離れた場所にある段階で発表されています。

もっとも、通常の天気予報番組の多くは、この情報を伝えてくれませんから、何らかの方法でこの情報が発表されたことを知る必要があります。そこで、予報利用学で使用する地上予想天気図（FSAS24）を、この情報をチェックする引き金として使います。この情報が発表されると、地上予想天気図上の熱帯低気圧は「TD」という表示から「TS」という表示に変化しますから、天気図上に「TS」という表示を見つけたら「発達する熱帯低気圧に関する情報」をチェックすればよいわけです。

14章 予報利用学における台風情報の利用方法

2 台風進路図の先

かつては、台風の進路予想は3日（72時間）先までしか発表されていませんでした。このため、早めの対策をしたい場合には、週間予報に用いる専門の天気図や、海外の天気予報サイトなどを駆使して、「台風進路図の先」を

予想する必要がありました。

しかし、2009年から、「3日(72時間)先も引き続き台風であると予想される場合には、5日(120時間)先まで」予想進路が発表されるようになっています。したがって、「台風進路図の先」についても、あらかじめ想定することができるようになりました。

5日間先の進路まで発表されていれば対策には十分と思われますが、近年多くの方が米軍の台風情報を使われているようです。これは、米軍合同台風警報センター(JTWC)が発表している台風情報のことで、本来はアメリカ海軍などの米国の政府機関が利用することを意図した情報ですが、私たちもアクセスすることができます。

予想進路を一本の線でズバリと予想しているところが、決断を迫られる軍隊らしい感じがして、いかにも当たりそうに思われているようですが、私が利用してきた限りでは、気象庁の予報と比較して格段に精度が良いというわけではなさそうですし、上陸地点の予想が多少異なる場合でも、気象庁発表の進路予想に表示される予報円内の差異にすぎません。したがって、興味のある方だけ台風情報のセカンドオピニオンとして利用されるのがよいと思います。

14章 予報利用学における台風情報の利用方法

3 台風の影響

　台風情報というと、多くの方は台風の進路をイメージされるようですが、台風の大きさを考えれば、その中心がどこに接近・上陸しようと、一定の範囲では多かれ少なかれ影響が及びます。また、台風の中心だけが危険なわけではありませんし、台風が温帯低気圧化する場合には強風域が拡大しますから、台風の接近・上陸が予想されるなら、進路に頭を悩ませるよりも最寄りの地域にどのような影響があるかを考えたほうが生産的といえます。

　そこで、どのようにして台風の影響を考えるかということが問題になりますが、通常の天気チェックと同様、予報利用学の方法論にしたがって府県天気予報

を利用した判断をするのが原則です。

　もっとも、気象庁からは進路予想図だけではなく、文字情報の「台風に関する気象情報(全般台風情報)」も発表されています。全般台風情報には、台風の直接の影響だけでなく、台風に伴って活発化する前線などの間接的な影響まで記載されており、台風が温帯低気圧に変わっても暴風を伴うなど防災上の必要があれば継続して発表されていますから、いわば台風に特化した「気象情報」といえます。したがって、天気概況や短期予報解説資料と併せて目を通しておく必要があります。

● 全般台風情報

平成23年　台風第6号に関する情報　第97号
平成23年　7月19日19時41分　気象庁予報部発表

高知県では記録的な大雨となっており、19日19時までの24時間降水量が800ミリを超えている所があります。四国地方から関東地方の太平洋側を中心に、20日にかけて、土砂災害、河川の増水、はん濫に厳重に警戒してください。また、西日本と東日本の太平洋側では、20日にかけて台風に伴う暴風と高波に警戒してください。

[台風の現況]
大型で強い台風第6号は、19日18時には室戸岬の南西約60キロにあって、1時間におよそ15キロの速さで北東へ進んでいます。中心の気圧は960ヘクトパスカル、中心付近の最大風速は40メートル、最大瞬間風速は55メートルで、中心の東側190キロ以内と西側110キロ以内では風速25メートル以上の暴風となっています。

[台風の予想]
台風は、強い勢力を維持したまま土佐湾を北東に進んでおり、20日未明にかけて高知県に上陸するおそれがあります。その後、進路を東よりに変える見込みですが、台風の速度が遅いため、西日本から東日本では長時間台風の影響を受ける見込みです。

[防災事項]
<大雨>
四国地方から関東地方にかけては太平洋側を中心に、断続的に1時間50ミリを超える非常に激しい雨が降っており、高知県では、24時間降水量がアメダスの観測を始めてから1位の記録を更新している所があります。
19日19時までの24時間の降水量(速報値)は以下の通りです。
高知県　馬路村魚梁瀬　859.0ミリ
高知県　津野町船戸　　637.5ミリ
徳島県　上勝町福原旭　556.5ミリ
また、高知県馬路村魚梁瀬では、17日0時からの総雨量が1000ミリを越えています。土砂災害や河川の増水、はん濫、低地の浸水に厳重に警戒してください。

<暴風、高波>
現在、四国地方が台風の暴風域に入っており、19日夜遅くにかけて中国地方と近畿地方、東海地方が暴風域に入る見込みです。
19日19時までに観測された最大風速及び最大瞬間風速(速報値)は以下の通りです。

	最大風速	最大瞬間風速
高知県　室戸岬	32.4m/s	38.9m/s
三重県　津	24.6m/s	33.2m/s
和歌山県南紀白浜空港	22.9m/s	35.0m/s

台風の接近に伴い、四国地方から東海地方にかけての太平洋沿岸は猛烈なしけとなっており、20日にかけて猛烈なしけが続く見込みです。暴風や高波に厳重に警戒してください。

<高潮>
四国地方と中国地方、近畿地方では台風の接近に伴い、19日から20日にかけての満潮時を中心に、高潮に警戒してください。東日本の太平洋側でも注意が必要です。

[補足事項]
今後の台風情報や、地元の気象台が発表する注意報、警報、気象情報に十分留意してください。

[訂正事項]
和歌山県南紀白浜空港の最大風速を訂正します。

また、台風進路図を用いて、府県天気予報の安全マージンを考えておくことも、素早く次善の策をとる上で重要です。台風が接近・通過する場合でも、府県天気予報は、台風進路図を参考にしながらも、原則として数値予報を用いて作られていますから、仮に台風が数値予報とは異なるコースをとった場合、府県天気予報の風向とは大きく異なる風が吹くことが想定されます。風向が変化するということは、舫いの取り方やアンカーの打ち方に大きく影響しますから、台風進路図の予報円を利用して、あらかじめ台風が予報円の縁を通過する場合の風向も想定しておいて、対策に役立てるというわけです。

●風予想図上の台風と風向の関係

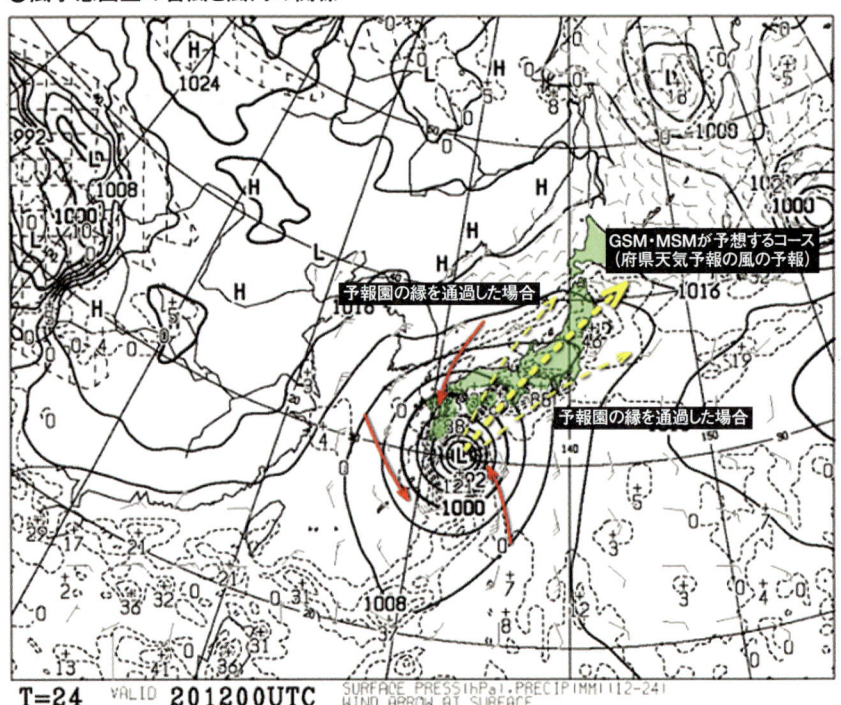

　ご存じのように、台風には反時計回りに風が吹き込みますから、府県天気予報の風の予報を「風予想図」で確認した上で、台風が予報円の縁を通過した場合の風向を考えておけばよいでしょう。

15章
予報利用学の総括
……あとがきに代えて

予報利用学という名の下、天気予報の確からしさを把握する方法を説明しましたが、実際に天気図を前にして実践してみた方の多くは、予報の確からしさを把握する以前に、複雑な空模様を描く数値予報を、府県天気予報が絶妙な言葉で表現していることに驚かれたと思います。また、数値予報の天気図を見て、天気予報というものが「降る、降らない」、「当たった、はずれた」という択一的な言葉で言い表せるほど単純なものではないと感じられたことでしょう。そして、確からしさを把握するというよりは、むしろ予報官が伝えたかったことを理解するための作業をしていたことに気付かれたと思います。

　本書では、初めて接する専門の天気図を使うにあたって、天気予報の確からしさを把握するという目的を持っていただきました。というのも、いくら詳しく天気図の読み方を説明しても、使う目的を理解していなければ、本当に必要とされる場面で使いこなしていただけないと考えたからです。この十数年で、クルージング先のキャビンにいても詳しい予報や専門の天気図を手に入れることができるようになりました。しかし、シングルハンドやオーバーナイトの前に感じる一抹の不安は、今でもぬぐいさることはできません。いくら詳しい予報を見ても、その理由も根拠もわからなければ、都会のビルの中でコンピューターの画面しか見ていない予報官に、無条件で命を預けているのと同じだからです。そんなとき、専門の天気図を前にしたあなたは何を考えるでしょうか。気象予報士として予報を作成していた私でも、自分で予報を作ろうなどとは考えません。私だけでなく、多くの方が目の前にある天気予報を信じてもよいのかと考えるのではないでしょうか。そこで、天気予報の確からしさを把握するという目的を持っていただいたわけです。

　ただ、実際に作業を進めてみると、数値予報と天気予報を「見比べる」とか、両者に「違いがある場合」を探すこと自体、かなり悩ましい作業だと感じられたと思います。そして、多くの場合は、確からしさを把握するどころか、天気概況や短期予報解説資料を読んで、把握すべき天気予報の内容自体を十分に理解していなかったことに気付かされたことでしょう。正直なところ、予報の作成過程をイメージすることは慣れ次第で比較的簡単にできるようになると思いますが、本書の解説を読みながら天気予報の確からしさを考えてみても、なかなか満足できる結果には至らないと思って

います。というのも、予報の作成過程をイメージすることに慣れてから、初めて「予報の確からしさ」ということの意味を実感できるものだからです。でも、だからといって作業自体が無駄になることは決してありません。満足な結果にならなくとも、作業を終えたあと、漠然と不安に感じていた天気予報に対する気持ちに変化が起きているはずだからです。予報に納得したような感覚、あるいは都会のビルの中で天気予報を考えていたはずの予報官がデッキの上で解説をしてくれたような感覚、といえば言いすぎかもしれませんが、気持ちに変化が生じるのは、天気予報の確からしさを把握する作業によって、テレビやラジオの解説者の解説を聞くよりずっと天気予報の中身を理解できているからです。ですから、作業に満足できなくとも、作業後の気持ちに変化を感じたら、作業は決して無駄ではなかったと考えて、何度もチャレンジしていただきたいと思います。そして、天気予報の確からしさを現実の航海でどう生かすべきか考えてみてください。

なお、本書では予報利用学の説明に必要な知識以外、気象学に関する説明はほとんどしませんでした。簡単な解説をしたとしても、結局は付け焼き刃の気象豆知識になってしまうと考えたからです。でも、気象の勉強が不必要というわけではありません。自分で予報を作るための勉強は不要ですが、天気予報を正しく読みとり、深く理解するために必要な知識は積極的に吸収すべきだからです。しばしば、「天気図をある程度読めるようになって危険を察知できるように、気象の勉強を……」と書かれている教科書を目にしますが、私は「天気予報を正しく理解できるようになって危険を察知できるように、気象の勉強を……」が正しいのではないかと思っています。

ところで、私が26ftの小さなヨットで本州を周航中、毎朝4時過ぎに目を覚まし、ラジオの天気予報を聞きながら、当時普及し始めたばかりの携帯電話をノートパソコンにつないで天気図をチェックしていました。

●京都府伊根漁港にて

モデムによる通信速度は現在とは比べものにならないほど遅く、一枚の天気図が表示されるまで長い時間を要しましたが、ラジオの放送時間に20分も縛られて実況天気図一枚しか手に入れることができなかった時代のことを思えば、それは画期的な道具でした。今では手の平の上にのるスマートフォンで、常時インターネットに接続し、自宅のパソコンと遜色のない速度で天気図や衛星画像をチェックすることができます。また、配信される情報も増え、私が全国ネットの天気予報番組の制作のために使用していた気象情報はすべてキャビンの中で、それも無料で手に入れることができます。さらに、民間気象会社の独自予報も充実し、「府県天気予報のセカンドオピニオン」まで知ることができるようになっています。ですから、ノートパソコンと通信端末を持って、夢の長期航海をぜひとも実現していただきたいと思っています。いつかどこかの漁港でお会いできることを楽しみにしています。

2012年2月
from Kasayan
（笠原久司）

▌本書に関するご意見、あるいはご質問があれば、下記のメールまでお送りください。
可能な範囲で返信させていただきます。
▌kasayangw@gmail.com

おもな気象情報サイト一覧

1. **気象庁** …… 府県天気予報、地域時系列予報、その他
   http://www.jma.go.jp/jma/index.html

2. 民間気象会社
   (1) **(株)ウェザーニューズ** …… 独自予報、数値予報、その他
      http://weathernews.jp/index.html
   (2) **日本気象協会** …… 独自予報、その他
      http://tenki.jp/
   (3) **日本気象(株)** …… 専門の天気図各種、その他
      http://n-kishou.com/ee/index.html
   (4) **HBC 北海道放送** …… 専門の天気図各種
      http://www.hbc.co.jp/pro-weather/
   (5) **いであ(株)** …… 専門の天気図各種、その他
      http://www.bioweather.net/detailed/rfax.htm
   (6) **ウェザー・サービス(株)** …… 数値予報、その他
      http://www.weather-report.jp/
   (7) **国際気象海洋(株)** …… 府県天気予報電文、その他
      http://www.imocwx.com/
   (8) **(株)サニースポット** …… 数値予報、専門の天気図各種
      http://www.sunny-spot.net/

気象庁、ウェザーニューズ、日本気象協会、ウェザー・サービス、Yahoo、海上保安庁の各サイトからは、許可を得て、その一部を転載させていただきました。

著者紹介

笠原久司(かさはら・ひさし)

1961年生まれ。気象予報士。電機メーカーにてVHSビデオデッキの開発に従事。気象予報士資格を取得後、ウェザーニューズ社勤務。全国民放各局の天気予報番組の制作を経て、テレビ朝日ウェザーセンターに勤務。「ニュースステーション」等の天気予報番組の統括デスクを務める。退職後の2000年、26フィートのヨット〈GoldenWistaria号〉(リベッチオ)にて半年をかけ本州周航。長野県在住。

ロングクルーズを夢見るあなたに
航海のための天気予報利用学

2012年3月15日 第1版 第1刷発行

著 者　笠原久司
発行者　大田川茂樹
発行所　株式会社 舵社
　　　　〒105-0013 東京都港区浜松町1-2-17
　　　　ストークベル浜松町3F
　　　　TEL.03-3434-5181(代)
装 丁　佐藤和美
印 刷　株式会社 大丸グラフィックス

©2012 Published by KAZI Co.,Ltd.
Printed in Japan

ISBN978-4-8072-1524-9
定価はカバーに表示してあります。無断複写・複製を禁じます